生态城市
建设理论和实现途径

SHENGTAI CHENGSHI JIANSHE LILUN HE SHIXIAN TUJING

郝晨光　于丹丹　编著

内蒙古科学技术出版社

图书在版编目（CIP）数据

生态城市建设理论和实现途径 / 郝晨光，于丹丹编
著. — 赤峰：内蒙古科学技术出版社，2017.4（2022.1重印）
ISBN 978-7-5380-2784-6

Ⅰ. ①生… Ⅱ. ①郝…②于… Ⅲ. ①生态城市—城
市建设—研究—中国 Ⅳ. ①X321.2

中国版本图书馆CIP数据核字（2017）第084463号

生态城市建设理论和实现途径

编　著：	郝晨光　于丹丹
责任编辑：	马洪利
封面设计：	永　胜
出版发行：	内蒙古科学技术出版社
地　址：	赤峰市红山区哈达街南一段4号
网　址：	www.nm-kj.cn
邮购电话：	(0476)5888903
印　刷：	三河市华东印刷有限公司
字　数：	152千
开　本：	787mm×1092mm　1/16
印　张：	7.5
版　次：	2017年4月第1版
印　次：	2022年1月第3次印刷
书　号：	ISBN 978-7-5380-2784-6
定　价：	48.00元

前　言

本书是国家社科基金特别项目《北部边疆历史与现状研究》的子课题《内蒙古生态文明建设思路对策研究》（项目批准号：BJXM2012-36）的成果之一。全书共15.2万字，由郝晨光和于丹丹共同编写完成，每人工作量7.5万字左右。

中共十七大和十八大将"生态文明"作为一项国家战略加以实施。什么是生态文明，为什么要建设生态文明，生态文明的标准是什么等一系列问题成为理论界和广大民众最为关心的话题。其中，一些理论问题已在中共十八大报告中有了明确阐述，但有些实践问题还需要继续加以深入研究。比如，北部边疆中小城市应该怎样结合地方特色合理有序开展生态文明建设。

赤峰市地处内蒙古自治区东部，有其独特的自然条件、资源特点、经济发展水平及文化背景，在生态文明建设过程中，具有鲜明的地区特色。本书在阐述生态文明的基本内涵、评价标准的基础上，从赤峰地区生态环境变化入手，分析赤峰地区的生态环境状况，对赤峰地区的生态文明建设状况进行评价，并针对赤峰地区生态文明建设的状况和短板，提出了一些具体对策。

"生态城市建设理论和实现途径"是一个复杂的时代课题，需要研究的问题很多，可以探索的视角也很多，本书只是结合赤峰地区实际，做了简单初步探索。由于作者水平有限，书中难免存在不妥之处，恳请读者提出宝贵意见。

目 录

第1章 绪论·······················1

1.1 生态文明的科学内涵·····················2

1.2 生态文明的基本构成·····················7

1.3 生态文明与几种经济形式的关系················7

    1.3.1 生态经济与生态文明的关系···············7

    1.3.2 循环经济与生态文明的关系···············8

    1.3.3 低碳经济与生态文明的关系···············8

1.4 建设生态文明与实施低碳经济的现实意义··········11

    1.4.1 有利于提高发展可持续性···············12

    1.4.2 有利于推动产业升级、促进发展方式转型········12

    1.4.3 有利于提升国家形象和国际影响力···········13

1.5 生态文明建设相关政策····················14

    1.5.1 国家高度重视利用政策引导生态文明建设·······14

    1.5.2 多个部门重视制定生态文明政策············14

    1.5.3 重视利用法规保障生态文明建设············15

    1.5.4 多地政府也重视利用针对性政策引导生态文明建设···15

    1.5.5 大力推动生态文明示范区建设············15

    1.5.6 积极制定生态文明建设规划·············16

    1.5.7 不断进行生态文明制度建设与制度改革········16

    1.5.8 关注生态文明建设标准与考核办法的完善·······16

    1.5.9 利用金融政策支持生态文明建设············17

第2章 赤峰先民的生态观与社会实践················18

2.1 赤峰地区发展史·······················19

2.2 先民的生态意识·······················21

    2.2.1 匈奴的生态意识··················22

    2.2.2 蒙古族的生态意识·················25

2.3　先民生态观对建设现代生态文明的启示 ……………………………… 29

第3章　上世纪赤峰的经济和生态建设 …………………………………… 30

2.3　先民生态观对建设现代生态文明的启示 ……………………………… 29

3.1　经济基础设施建设 ……………………………………………………… 30

3.1.1　电力供应方面 ……………………………………………………… 30

3.1.2　采矿方面 …………………………………………………………… 30

3.1.3　冶炼方面 …………………………………………………………… 32

3.1.4　石材、石灰研发等方面 …………………………………………… 32

3.1.5　中药、化学原料生产方面 ………………………………………… 33

3.2　生态环境污染与治理 …………………………………………………… 34

3.2.1　环境污染状况 ……………………………………………………… 34

3.2.2　污染治理 …………………………………………………………… 36

3.3　林业生态建设 …………………………………………………………… 38

3.3.1　"三北"防护林建设 ……………………………………………… 40

3.3.2　用材林建设 ………………………………………………………… 41

3.3.3　经济林建设 ………………………………………………………… 42

3.3.4　薪炭林建设 ………………………………………………………… 43

第4章　新时期低碳经济与生态文明建设实践 …………………………… 44

4.1　赤峰市产业发展现状 …………………………………………………… 46

4.2　赤峰市能源收与支 ……………………………………………………… 48

4.2.1　能源条件 …………………………………………………………… 48

4.2.2　能源消费现状与趋势 ……………………………………………… 49

4.2.3　能源结构情况 ……………………………………………………… 50

4.3　赤峰市生态文明建设的绿色基础 ……………………………………… 50

4.3.1　生态足迹需求量计算 ……………………………………………… 51

4.3.2　生态足迹供给量计算 ……………………………………………… 51

4.3.3　生态足迹计算 ……………………………………………………… 52

4.3.4　生态承载力分析 …………………………………………………… 53

4.3.5　生态压力 …………………………………………………………… 54

4.4　碳资源与碳排放 ………………………………………………………… 54

4.4.1　碳资源 ……………………………………………………………… 54

4.4.2　碳排放 ……………………………………………………………… 55

　　　　4.4.3　碳均衡 ·· 57

第5章　警示与借鉴 ·· 59

　5.1　生态警示 ·· 59

　　　　5.1.1　农村地下水污染日益严重 ··· 59

　　　　5.1.2　并不能幸免的城市饮用水 ··· 61

　5.2　生态建设借鉴 ··· 61

　　　　5.2.1　管理体制对水资源可持续利用和生态服务的作用与影响 ····· 61

　　　　5.2.2　规划和措施对生态服务和可持续水资源综合管理的作用与影响 ···· 63

　　　　5.2.3　科学和生态服务在可持续水资源综合管理中的作用 ········· 64

　　　　5.2.4　科学研究、生态服务和可持续水资源综合管理的途径 ······ 65

　　　　5.2.5　雨水资源利用与生态工程研究 ······································ 66

第6章　低碳经济发展目标与政策措施 ·· 70

　6.1　低碳经济发展背景与目标 ·· 70

　　　　6.1.1　低碳经济发展背景及现状 ··· 70

　　　　6.1.2　发展低碳经济的意义 ··· 73

　　　　6.1.3　相关低碳名词与释义 ··· 75

　　　　6.1.4　中国的低碳经济政策 ··· 77

　　　　6.1.5　低碳经济发展相关指标 ·· 79

　6.2　实现低碳经济的路径与政策措施 ··· 80

　　　　6.2.1　完善政策体系，提供发展支持 ······································· 80

　　　　6.2.2　发展低碳经济，培育低碳产业 ······································· 81

　　　　6.2.3　实施低碳化管理，加强节能减排 ···································· 82

　6.3　案例分析——以赤峰市为例 ··· 83

　　　　6.3.1　优化产业结构，抑制高耗能、高排放行业过快发展 ········· 83

　　　　6.3.2　加快低碳工业产业发展，推进资源型产业延伸升级 ········· 83

　　　　6.3.3　开展低碳城市创建，建设绿色、人文、宜居的生态城市 ···· 85

　　　　6.3.4　大力发展低碳农业，实现富民强市战略 ························· 88

　　　　6.3.5　提升层次，加快发展现代服务业 ···································· 91

　　　　6.3.6　加强生态建设，提高碳汇资源 ······································· 95

　　　　6.3.7　加强低碳经济体系研究，发挥科技支撑作用 ·················· 95

　6.4　实施低碳经济的建议 ··· 95

第7章　生态文明建设设想与展望 ··· 100

　7.1　提高城市人文素质 ··· 100

　　　7.1.1　积极培养生态公民 ··· 100

　　　7.1.2　提高低碳意识 ··· 103

　7.2　树立低碳理念, 建设低碳社会 ··· 103

　7.3　改变垃圾处理方式, 综合利用垃圾 ··· 104

　7.4　调整森林经营方式 ··· 107

　　　7.4.1　水在森林体系中的作用 ··· 107

　　　7.4.2　提高森林覆盖率的必要性分析 ··· 108

　　　7.4.3　气候变化对森林水资源的影响 ··· 108

　7.5　生态文明建设的展望 ··· 110

第1章　绪论

纵观人类社会发展的总体历程,先后经历了原始文明、农业文明、工业文明,正在迈入生态文明。前三个文明进程的转变本质上都是人类社会内部关系的改变和调整,都是为人类谋求自身的更好、更快发展;而生态文明主要是指人类遵循人、自然、社会和谐发展这一客观规律而取得的物质与精神成果的总和,是以人与自然、人与人、人与社会和谐共生、全面发展、持续繁荣为基本宗旨的文化理论形态。生态文明关注的是人类社会与自然环境的关系,追求的是更大系统的可持续发展。人类社会的发展是在认识、利用、改造和适应自然的过程中不断演进的(黄鼎成等,1997)。可持续发展是时代的主题,但是怎样发展,如何正确处理经济、社会、资源、环境与生态之间的关系,又是时代的难题。

1994年,我国在全世界率先编制了国家级《中国21世纪议程》。1996年,"可持续发展"又被确定为两大国家基本发展战略之一。我国在人口总量和消费需求不断增长、工业化和城市化水平偏低、自然资源和生态环境并不优越的条件下,坚持走可持续发展道路,不断探索可持续发展模式,这为发展中国家走可持续发展道路起到了表率的作用。党的十七大报告中把建设生态文明作为实现全面建成小康社会奋斗目标的新要求,并且提出其基本目标:"基本形成节约能源资源和保护生态环境的产业结构、增长方式、消费模式。循环经济形成较大规模,可再生能源比重显著上升。主要污染物排放得到有效控制,生态环境质量明显改善。生态文明观念在全社会牢固树立。"随后,国家"十二五"规划也把提高生态文明水平作为努力的方向之一。

2012年11月召开的党的十八大更是将生态文明建设提升到与经济建设、政治建设、文化建设、社会建设并列的战略高度,要求把生态文明建设放在突出地位,融入经济建设、政治建设、文化建设、社会建设各方面和全过程,努力建设美丽中国,实现中华民族可持续发展,并且进一步明确了生态文明建设的相关目标,即到2020年"资源节约型、环境友好型社会建设取得重大进展。主体功能区布局基本形成,资源循环利用体系初步建立。单位国内生产总值能源消耗和二氧化碳排放大幅下降,主要污染物排放总量显著减少。森林覆盖率提高,生态系统稳定性增强,人居环境明显改善"。同时还提出了生态文明建设的四大任务,包括基本优化国土空间开发格局、全面促进资源节约、加大自然生态系统和环境保护力度、加强生态文明制度建设。这无疑为今后建设生态文明和美丽中国指明了方向。

1.1 生态文明的科学内涵

生态文明是一种正在生成和发展的文明范式。它是继工业文明之后，人类文明发展的又一个新阶段。生态文明最重要的特征，是强调人与自然的协调发展。生态文明的政治结构强调人类整体利益和基本需要之满足的优先性，倡导全球治理和世界主义理念。在生态文明时代，科学技术不再是人类征服自然的工具，而是修复生态系统，实现人与自然协调发展的助手。生态文明的有机自然世界观凸显作为整体之自然的内在价值，强调自然是文明的基础；生态文明的伦理体系凸显关怀、责任与和谐价值，倡导理性消费与绿色生活方式。

生态文明是人类文明发展的一个新阶段，即工业文明之后的世界伦理社会化的文明形态；生态文明是人类遵循人、自然、社会和谐发展这一客观规律而取得的物质与精神成果的总和；生态文明是以人与自然、人与人、人与社会和谐共生、良性循环、全面发展、持续繁荣为基本宗旨的文化伦理形态。从人与自然和谐的角度，吸收十八大成果的定义是：生态文明是人类为保护和建设美好生态环境而取得的物质成果、精神成果和制度成果的总和，是贯穿于经济建设、政治建设、文化建设、社会建设全过程和各方面的系统工程，反映了一个社会的文明进步状态。

十八大报告中将生态文明表述为："建设生态文明，是关系人民福祉、关乎民族未来的长远大计。面对资源约束趋紧、环境污染严重、生态系统退化的严峻形势，必须树立尊重自然、顺应自然、保护自然的生态文明理念，把生态文明建设放在突出地位，融入经济建设、政治建设、文化建设、社会建设各方面和全过程，努力建设美丽中国，实现中华民族永续发展。

"坚持节约资源和保护环境的基本国策，坚持节约优先、保护优先、自然恢复为主的方针，着力推进绿色发展、循环发展、低碳发展，形成节约资源和保护环境的空间格局、产业结构、生产方式、生活方式，从源头上扭转生态环境恶化趋势，为人民创造良好生产生活环境，为全球生态安全作出贡献。"

三百年的工业文明以人类征服自然为主要特征，世界工业化的发展使征服自然的文化达到极致，一系列全球性的生态危机说明地球再也没有能力支持工业文明的继续发展，需要开创一个新的文明形态来延续人类的生存，这就是"生态文明"。如果说农业文明是"黄色文明"，工业文明是"黑色文明"，那生态文明就是"绿色文明"。

（1）深度阐述

所谓生态文明，是人类文明的一种形式。它以尊重和维护生态环境为主旨，以可持续发展为根据，以未来人类的继续发展为着眼点。

这种文明观强调人的自觉与自律，强调人与自然环境的相互依存、相互促进、共处共融，同以往的农业文明、工业文明具有相同点，那就是它们都主张在改造自然的过程中发展物质生产力，不断提高人的物质生活水平；但它们之间也有着明显的不同点，即生态文明突出生态的重要，强调尊重和保护环境，强调人类在改造自然的同时必须尊重和爱护自然，而不能随心所欲，盲目蛮干，为所欲为。

很显然，生态文明同物质文明与精神文明既有联系又有区别。说它们有联系，是因为生态文明既包含物质文明的内容，又包含精神文明的内容。生态文明并不是要求人们消极地对待自然，在自然面前无所作为，而是在把握自然规律的基础上积极地能动地利用自然，改造自然，使之更好地为人类服务，在这一点上，它是与物质文明一致的。而生态文明所要求的人类要尊重和爱护自然，将人类的生活建设得更加美好；人类要自觉、自律，树立生态观念，约束自己的行动，在这一点上，它又是与精神文明相一致的。

说它们有区别，则是指生态文明的内容不能完全包容于物质文明或精神文明中，也就是说，生态文明具有相对的独立性。

因为在生产力水平很低或比较低的情况下，人类对物质生活的追求总是占第一位的，所谓"物质中心"的观念也是很自然的。然而，随着生产力的巨大发展，人类物质生活水平的提高，特别是工业文明造成的环境污染、资源破坏、沙漠化、"城市病"等等全球性问题的产生和发展，人类越来越深刻地认识到：物质生活的提高是必要的，但不能忽视精神生活；发展生产力是必要的，但不能破坏生态；人类不能一味地向自然索取，而必须保护生态平衡。

20世纪七八十年代，随着各种全球性问题的加剧以及"能源危机"的冲击，在世界范围内开始了关于"增长的极限"的讨论，各种环保运动逐渐兴起。正是在这种情况下，1972年6月，联合国在斯德哥尔摩召开了有史以来第一次"人类与环境会议"，讨论并通过了著名的《人类环境宣言》，从而揭开了全人类共同保护环境的序幕，也意味着环保运动由群众性活动上升到了政府行为。伴随着人们对公平（代际公平与代内公平）作为社会发展目标认识的加深以及对一系列全球性环境问题达成共识，可持续发展的思想随之形成。1983年11月，联合国成立了世界环境与发展委员会，1987年该委员会在其长篇报告《我们共同的未来》中，正式提出了可持续发展的模式。1992年联合国环境与发展大会通过的《21世纪议程》，更是高度凝结了当代人对可持续发展理论的认识。由此可知，生态文明的提出，是人们对可持续发展问题认识深化的必然结果。

严酷的现实告诉我们，人与自然都是生态系统中不可或缺的重要组成部分。人与自然不存在统治与被统治、征服与被征服的关系，而是存在相互依存、和谐共处、共同促进的关系。人类的发展应该是人与社会、人与环境、当代人与后代人的协调发展。人类的发展不仅要讲究代内公平,而且要讲究代际之间的公平,亦即不能以当代人的利益为中心,甚至为了当代人的利益而不惜牺牲后代人的利益,必须讲究生态文明,牢固树立起可持续发展的生态文明观。

(2)专家观点

对于"生态文明"概念,许多学者从不同的角度给出了见解。归纳起来,大致有如下四种角度:

第一,广义的角度。生态文明是人类的一个发展阶段。如陈瑞清在《建设社会主义生态文明,实现可持续发展》中提到的定义。这种观点认为,人类至今已经历了原始文明、农业文明、工业文明三个阶段,在对自身发展与自然关系深刻反思的基础上,人类即将迈入生态文明阶段。广义的生态文明包括多层含义:在文化价值上,树立符合自然规律的价值需求、规范和目标,使生态意识、生态道德、生态文化成为具有广泛基础的文化意识;在生活方式上,以满足自身需要又不损害他人需求为目标,践行可持续消费;在社会结构上,生态化渗入到社会组织和社会结构的各个方面,追求人与自然的良性循环。

第二,狭义的角度。生态文明是社会文明的一个方面。如余谋昌在《生态文明是人类的第四文明》中的观点。这种观点认为,生态文明是继物质文明、精神文明、政治文明之后的第四种文明。物质文明、精神文明、政治文明与生态文明这"四个文明"一起,共同支撑和谐社会大厦。其中,物质文明为和谐社会提供雄厚的物质保障,政治文明为和谐社会提供良好的社会环境,精神文明为和谐社会提供智力支持,生态文明是现代社会文明体系的基础。狭义的生态文明要求改善人与自然的关系,用文明和理智的态度对待自然,反对粗放利用资源,建设和保护生态环境。

第三,生态文明是一种发展理念。这种观点认为,生态文明与"野蛮"相对,指的是在工业文明已经取得成果的基础上,用更文明的态度对待自然,拒绝对大自然进行野蛮与粗暴的掠夺,积极建设和认真保护良好的生态环境,改善和优化人与自然的关系,从而实现经济社会可持续发展的长远目标。

第四,制度属性的角度。生态文明是社会主义的本质属性。潘岳在《论社会主义生态文明》中认为,资本主义制度是造成全球性生态危机的根本原因。生态问题实质是社会公平问题,资本主义的本质使它不可能停止剥削而实现公平,只有社会主义才能真正解决社会公平问题,从而在根本上解决环境公平问题。因此,生态文明只能是社会主义的,生态文明是社会主义文明体系的基础,是社会主义基本原则的体现,只有社会主义才会自觉承担起改善与保护全球生态环境的责任。

(3)核心要素

生态文明的核心要素是公正、高效、和谐和人文发展。

公正，就是要尊重自然权益实现生态公正，保障人的权益实现社会公正；高效，就是要寻求自然生态系统的平衡和生产力的生态效率，经济生产系统具有低投入、无污染、高产出的经济效率和人类社会体系制度规范完善运行平稳的社会效率；和谐，就是要谋求人与自然、人与人、人与社会的公平和谐，以及生产与消费、经济与社会、城乡和地区之间的协调发展；人文发展，就是要追求具有品质、品味、健康、尊严的崇高人格。公正是生态文明的基础，效率是生态文明的手段，和谐是生态文明的保障，人文发展是生态文明的终极目的。

（4）理论基础

生态文明是生态哲学、生态伦理学、生态经济学、生态现代化理论等生态思想的升华与发展，是人类文化发展的重要成果。

生态哲学是用生态系统的观点和方法研究人类社会与自然环境之间的相互关系及其普遍规律的科学。当代主客观一体化的生态哲学起始于马克思主义思想。马克思主义生态哲学理论重视人与自然的相互依存，其主题是人与自然环境的辩证统一关系。

生态伦理学是以"生态伦理"或"生态道德"为研究对象的应用伦理学。生态伦理学打破了"人类中心主义"，要求人类将其道德关怀从社会延伸到自然存在物或自然环境。生态伦理学认为，当代人不能为自己的发展与需求而损害人类世世代代满足需求的条件。

生态经济学是研究生态系统和经济系统的复合系统的结构、功能及其运动规律的学科。生态经济学认为，相对于生态系统，经济规模发展得越大，施加给地球自然的压力越多。生态经济学提出，把处理污染物的费用包括在产品成本之中，经济政策的形成必须以生态原理建立的框架为基础。

生态现代化理论是研究利用生态优势推进现代化进程，实现经济发展和环境保护双赢的理论。建设生态现代化，必须把经济增长与环境保护综合起来考虑，加快推进发展模式由先污染后治理型向生态亲和型转变，走可持续发展之路，绝不能以牺牲环境为代价来换取一时的发展。

（5）生态文明的概念内涵

目前，关于生态文明并无一个确切与统一的定义，总的来说，过去10多年以来，中国学术界主要从广义与狭义、人与自然的关系、文明的演替过程等三个不同角度对生态文明进行了概念阐释。

狭义与广义相结合的角度：谢光前、王杏玲从狭义、广义两个角度理解生态文明，其中，从狭义的角度讲是指生物间的和谐共生共存状态，广义的理解则指一切自然存在物，这既包括大气、水、土地、矿藏、森林、草原、野生动物等，也包含人具有的协调平衡状态，而生态系统的均衡、自控、进化三者的结合构成了生态文明的基本内涵。万泉提出，狭义的生态文明，一般限于经济方面，即要求实现人类与自然的和谐发展；而广义的生态文明，则囊括了社会生活的各个方面，不仅要求实现人类与自然的和谐，而且也要求实现人与人的和谐，尤其追求社会公正。郭洁敏认为，狭义上的生态文明是文明的一个方面，即相对于物质文明、精神文明和制度文明而言，人类在处理同自然关系时所达到的文明程度；广义上的生态文明是继工业文明之后，人类社会发展的一个新阶段。

　　人与自然的关系，是生态文明建设的核心内容，因此，从人与自然关系的角度去定义生态文明，成为诸多学者的重要落脚点，但是其方向与理解，仍然存在差异性。第一类是将人与自然的和谐作为生态文明的特征进行定义。例如，李建国认为，生态文明是以人和自然和谐协调发展为特征的文明，是指自然界权利受到充分尊重的文明，生态文明的核心和灵魂就是人与自然的和谐发展。谢艳红、姚俭健认为，生态文明是综合协调人类与生态环境诸要素之间的互动关系，以谋求人类在较高生产力水平上与生存环境协同进化、共同发展的文明。杨立刚、潘德昌认为，生态文明是人类社会不断经过自我否定、自我完善、自我发展的螺旋式上升过程，最终实现人类与自然交融和谐的最高境界。第二类是将人与自然的关系的协调过程作为定义生态文明的主要内容，体现的是生态文明的建设过程。江永红认为，生态文明是人类在开发利用自然的时候，从维护社会、经济、自然系统的整体利益出发，尊重自然，保护自然，致力于现代化的生态环境建设，提高生态环境质量，实现人与自然的共同进化。李良美认为，生态文明是依赖人类自身智力和信息资源，在生态自然平衡基础上，经济社会和生态环境全球化协调发展的文明。第三类是将人与自然的关系作为一种状态，强调人与自然的关系的历史对比性。例如，卓越、赵蕾认为，生态文明的核心观念是人与自然的和谐相处与协调发展，本质在于处理好发展与环境之间的关系，即实现经济、政治、文化、生态的共存共荣与一体化发展。吴祚来认为，生态文明并不是指自然生态的"文明"状态，而是指用文明的方式对待生态，要从整体上去把握生态文明，而不是仅仅对自然生态的保护。王如松认为，生态文明是天人关系的文明，具体表现在人与环境关系的管理体制、政策法规、价值观念、道德规范、生产方式及消费行为等方面的体制合理性、决策科学性、资源节约性、环境友好性、生活俭朴性、行为自觉性、公众参与性和系统和谐性，展现一种竞生、共生、再生、自生的生态风尚。从文明的演替过程来定义生态文明，是目前众多概念中的重要部分，其主要从两个角度进行定义。一是与农业文明、工业文明进行类比定义。例如，王国祥、濮培民认为，生态文明是对农业文明和工业文明的扬弃，它以生态产业为主导产业，以解决人类面临的各种危机问题并实现"自然–社会–经济"持续发展为主要目标。张琳认为，生态文明是建立在人类文明发展史的基础上，是以人类和自然相互依存为中心的一种新的文明，它强调人与自然必须保持平衡、协调和统一，社会、生态、经济必须协同发展。尚杰、于法稳认为，生态文明是一种超越工业文明观、具有建设性的人类生存和发展的意识，它跨越了自然地理区域、社会文化模式，保证人类自身和"自然-社会-经济"复合系统的协调发展。二是对生态文明的形态进行比较定义。例如，徐春基于生态文明理论与实践发展的状况，认为生态文明应分为初级与高级两种形态。其中，初级形态指的是在工业文明已经取得的成果基础上用更文明的态度对待自然，不野蛮开发，不粗暴对待大自然，努力改善和优化人与自然的关系，认真保护和积极建设良好的生态环境，在推进中国实现可持续发展的道路上，现在努力建设的也是这个层次的生态文明；高级形态是指人们在改造客观物质世界的同时，积极改善优化人与自然、人与人的关系，建设有序的生态运行机制和良好的生态环境，包括在生产方式、生活方式、社会结构、文化价值等方面所取得的物质、精神、制度方面成果的总和，这是社会形态建构意义上的生态文明。

纵观生态文明的各类定义，我们发现，目前学术界对生态文明的概念还没有通过某种形式把它固定下来，然而，关于生态文明的概念界定，不管是从狭义、广义角度分析，还是从人类文明发展史切入谈论这种新文明，生态文明首先是实现了人类发展与自然环境的和谐，然后才有物质、精神、制度等文明成果。

1.2 生态文明的基本构成

生态文明的观念形态，是包含生态思想、生态意识、生态道德、生态价值观念、生态文化等的观念文明，是生态文明的内在质的规定，是建设社会主义生态文明的精神依托和软依靠。生态文明具有丰富的内容，就其内涵而言，主要包括生态意识文明、生态制度文明和生态行为文明三个方面。

1.3 生态文明与几种经济形式的关系

1.3.1 生态经济与生态文明的关系

生态经济是生态文明的经济模式，这种经济不是把财富的获取建立在破坏生态系统的基础之上，而是在生态系统的极限之内组织人类的经济活动。

生态文明是人类经济、政治、文化和社会建设中人与环境关系的物态文明、体制文明、认知文明和心态文明的总和。生态文明建设的理念就是要通过观念更新、体制革新和技术创新，化传统发展观中的封闭为开放、破碎为整合、盲目为有序、滞留为循环，融经济建设中生产和消费的物态文明、政治建设中组织和管理的体制文明、文化建设中知识和经验的认知文明，以及社会建设中道德和精神的心态文明于一体，将自生、竞生、共生、再生的生态规律与开拓、适应、反馈、整合的创新精神根植于新型城市化、工业化、信息化和农业现代化中。

1.3.2 循环经济与生态文明的关系

循环经济是在19世纪70年代后期由西方国家首先提出的一种经济发展模式，当时西方经济学家意识到经济发展中对资源和环境的破坏，所以不能再延续以前的那种粗放的经济增长模式。当时的经济学家分成两派：消极的经济学家认为经济要停止增长，经济发展对环境和自然是有害的；积极的经济学家认为经济应该继续大力发展，环境污染和资源浪费是必不可少的；而提出循环经济理论的经济学家则是应用中国的中庸主义，将两者恰如其分的结合起来，既要发展经济又要保护环境。

循环经济的实质是一种生态经济，它追求的是绿色的GDP，不再是以前单纯地追求利润和物质利益。对于企业来说不再是单纯地一味追求生产产品和商品，一味地销售自己的产品，为了销售而生产或为了产品的数量最大化而生产；计算成本时也会计算环境成本。对于消费者来说，它所需要的享受的是服务，使用性能的服务和售后的服务。国外有些汽车厂商，主张一个小区可以共同使用小汽车，而且其汽车的零部件都会标上不同的回收厂家代码，这样既可以使汽车得到充分使用，又可以回收资源，实现资源和能源的有效利用，保护环境。在经济各个领域与环节，保护自然和环境，节约资源和能源，最终可达到经济与环境的和谐，人和自然的和谐。

循环经济可以说是生态文明理论中的一个部分，强调在发展经济时要实现能源与资源的再回收、再利用，节约资源和能源，清洁生产，放弃以前的高污染、高消费的方式。它贯穿于生产、分配、交换、消费的整个经济过程。注重人与自然的和谐，不是一味地发展经济。而生态文明作为一种文明形态，它是人在改造客观世界时，解决改造期间的毛病，实现人与自然的和谐，人与社会的和谐，同样是一种和谐的理念。

1.3.3 低碳经济与生态文明的关系

1.3.3.1 低碳经济的内涵

所谓低碳，就是指较低（更低）的温室气体排放。对低碳的理解大概可以分为三种情况：①温室气体排放的增长速度小于国内生产总值的增长速度；②零排放；③绝对排放量的减少。实现以上三种情况，更是一种全新的发展理念，可以贯穿日常生产和生活之中。

关于到底什么是低碳经济，现在还没有约定俗成的观点。低碳经济旨在实现整个社会生产和再生产活动的低碳或无碳化,控制气体排放,保护大气生态环境,防止气候变暖,是碳生产力和人文发展达到一定水平的经济形态。低碳经济具有更高的投资回报率,能够显著地增加产量、缩短生产周期、提高生产可靠性、改善产品质量、改善工作环境并鼓舞员工士气,在新增就业方面具有出色的潜力,其增长速度也大于其他经济形态。

一种观点认为,在全球气候变暖的大背景下,低碳经济是指针对二氧化碳这一主要温室气体的排放量要进行有效控制而推行的经济发展方式,这是避免气候发生灾难性变化,保证人类可持续发展的有效方法之一。

在发展经济学的理论框架下,也有种观点认为,低碳经济是低碳发展、低碳产业、低碳技术、低碳生活等一类经济形态的总称,经济发展的碳排放量、生态环境代价及社会经济成本最低的经济,是一种能够改善地球生态系统自我调节能力的可持续发展的新经济形态。

第三种观点认为,低碳经济是人类社会继农业文明、工业文明之后的一次重大进步,是以低能耗、低污染、低排放为基础的经济发展模式,它实质上是一场涉及生产模式、生活方式、价值观念和国家权益的全球性能源经济革命。

究其根本,低碳经济是涉及生产模式、生活方式、价值观念和国家权益的全球性革命,它的实质是能源高效利用、清洁能源开发、追求绿色GDP的问题,在整个社会再生产全过程的经济活动达到碳排放量最小化乃至零排放,获得最大的生态经济效益;核心是能源技术和减排技术创新、产业结构和制度创新,以及人类生存发展观念的根本性转变。

形成低碳能源和无碳能源的国民经济体系,进行能源的经济革命,是真正实现生态经济社会的清洁发展、绿色发展和可持续发展的根本。对能源的经济革命要着力于两个根本转变:一是现代经济发展要由碳基能源为基础的不可持续发展型向以低碳或无碳能源经济为基础的可持续发展型转变,二是能源消费结构由化石高碳型黑色结构向低碳化洁净能源绿色结构转变。低碳能源是可再生、可持续应用,高效且环境适应性能好的一种含碳分子量少或无碳分子结构的能源,作为一种清洁能源,能够突出减少二氧化碳的全球性污染排放,同时也兼顾对社会性污染排放的减少。主要包括风能、太阳能、核能、生物能、水能、地热能、海洋能、潮汐能、波浪能、洋流和热对流能、潮汐温差能、可燃冰等。通过技术集成应用,构成低碳能源系统,实现替代煤炭、石油等化石能源,从而减少二氧化碳排放的目的。

要实现这两个转变,必须做到:①要研发新技术,推进化石能源排放低碳化;②构建低碳化的新能源体系。

1.3.3.2 生态文明与低碳经济的耦合逻辑关系

生态文明的构建需要低碳经济为基础,低碳经济的发展则需要生态文明的理念引导;两者之间不仅有着趋同的伦理价值观念,而且在理论上有着耦合逻辑关系,在实践中又相互支撑、相互支持。因此必须设计合理的低碳经济制度与机制，以推动经济发展模式的转变，加快生态文明的建设步伐。

（1）低碳经济体现着生态文明自然系统观的实质

低碳经济作为一种新的发展模式，是经济发展的碳排放量、生态环境代价及社会经济成本最低的经济，是一种能够改善地球生态系统、自我调节能力很强的经济。作为一种新的经济模式，低碳经济首次将人、资源环境和科学技术等要素作为统一的整体来考察和评价人类的实践活动。因此，低碳经济要求人类在考虑生产和消费时不再把自身置于人、自然和科技这一大系统之外，而是应该遵循生态学规律和经济学规律，合理规划对自然资源的保护，约束对能源资源的使用，使人类的经济活动和社会发展不能超出能源资源的承载能力和生态系统的平衡能力。这与生态文明所倡导的敬畏自然、热爱自然、与自然和谐相处的生态自然系统观相一致。

（2）低碳经济蕴含着生态文明伦理观的责任伦理价值取向

从伦理学角度审视，作为一种新的社会实践形式，低碳经济以生态伦理为起点，其根本目的是要确立人类对大自然的一种道德伦理。在理念上强调人类享有自然环境生存权利的同时，应该承担起保护和改善自然环境的责任和义务；强调人类享有利用自然资源的权利，同时负有保障自然资源合理开发的义务。在实践中强调能源的高效利用和清洁能源的开发，从而促进整个社会向高能效、低能耗和低碳排放的模式转型，实现控制气体排放的全球共同愿景。显而易见，低碳经济有别于其他经济形态，它是经济发展方式、能源消费方式和人类生活方式的一次新变革。低碳经济在理论与实践两个层面将经济活动、生态智慧与对自然界的伦理关怀融为一体，反对以牺牲环境为代价来获得人类的利益，并且在发展生产力、提高社会物质文明的基础上实现人类与自然在环境利益上的公平，使人类对自身所应该承担的对自然的道德责任和道德义务有一个全新的认识和肯定。

（3）低碳经济遵循着生态文明可持续发展观的理念

低碳经济是继知识经济、循环经济之后，人类经济发展方式的新变革，是人类经济社会可持续发展的新领域，其指导思想是在不影响经济社会发展的前提下，通过技术革新、制度创新和生活方式改变，降低能源和资源的消耗，最大限度地减少温室气体的排放，避免生态环境进一步恶化，使有限的能源资源得到最大化的利用。因此，低碳经济发展模式的根本目标是通过协调人与自然的关系，构建人与自然友好、人与社会和谐的良性互动关系，实现可持续发展。与传统经济发展模式将生产、资源和环境割裂开来，形成大量生产、大量消耗和大量污染的恶性循环截然不同，低碳经济是在寻求一种保持自然资源的质量和其所提供的使经济发展的净利益增加到最大限度的发展模式，只有这样才能避免气候发生灾难性变化，保持人类可持续协调发展。可见,促进人与自然和谐,实现可持续发展,是低碳经济与生态文明在理念上的共同追求。

生态文明的建设有赖于低碳经济这种生态化、低能耗化的先进经济模式,而生态文明的兴起不仅为低碳经济的转型提供了理论基础,而且为低碳技术的创新带来了强大动力。

自党的十七大提出以来,学术界"生态文明"在马克思、恩格斯生态哲学视野下获得了理论构建,"低碳经济"与"生态文明"虽然分属于不同学科和领域,但两者之间在自然观、伦理观和发展观方面不仅有着趋同的价值观念,而且有着一定的耦合逻辑。

低碳经济发端于2003年英国能源白皮书,是一种低能耗、低污染、高效能、高效率、高效益的可持续经济发展模式,通过更少的资源消耗和更小的环境污染,获得更多的经济产出,并创造更好的生活质量,体现了对人与自然、人与社会、人与人和谐关系的理性认知,在循环经济学和生态学等学科的支撑下学术成果斐然,受到人们的广泛关注,可以说低碳经济是进行生态文明建设的一条捷径。

1.4　建设生态文明与实施低碳经济的现实意义

"生态文明建设"的提出有其特定的国内外政治、经济和社会背景。围绕生态文明建设的行动不仅关系到我国能否实现全面建成小康社会的目标,而且也关系到人民的福祉和民族的未来,尤其是对应对当前和今后面临的资源、能源和环境等问题的严峻挑战,具有极为重要的战略意义。

人虽是大自然进化出来的具有较高价值的存在物,但在自然界系统中人并不是唯一的。人类与自然处在生态复杂的巨大系统中,人与其他物种并没有高低之分,对整个生态系统而言,都具有不可缺少性,人的价值只是自然价值的延伸和升华。由于人类的活动及其所形成的社会是引起整个生态系统变化最强有力的因素,因此人类比任何生物对生态系统平衡的影响都大得多。人类通过生产活动和其他活动,为其自身造福,但反过来也会破坏生态平衡。大自然总是会趋向生态平衡,问题是,这种平衡能否(或者如何)使人类继续存活下去。目前的环境问题,就是由于人类活动引起环境质量的恶化或生态系统的失调,已经造成人类自身发展的困境。

生态文明一个突出特点就在于侧重人类对于自身发展的反思,反思的对象是如何处理好人与自然的关系,从而实现人的全面发展,体现"以人为本"的理念。可持续发展解决方案的当务之急是,在尽可能地考虑各个地方具体情况的前提下,详尽地规划通往低碳经济的不同道路,不同地区可以选择不同战略,但所有地区都需要达到同一个终点,就是基于低碳资源、汽车电动化及智能节能建筑和城市新的能源体系发展经济。

1.4.1 有利于提高发展可持续性

在经历了30多年的高速发展后,我国面临着资源约束趋紧、环境污染严重、生态系统退化等问题的严峻挑战,开展生态文明建设的需求十分迫切。

首先,资源约束趋紧,风险不断增加。由于人口众多,我国人均资源特别是战略性资源的拥有量先天不足,人均水资源量、耕地面积分别是世界平均水平的1/4、1/3,人均煤炭、石油、天然气仅为世界平均水平的69%、6.2%、6.7%。近年来,资源能源的消耗规模在利用效率不高的情况下迅速膨胀,使得我国战略性资源能源的供需矛盾日益突出,对外依存度节节攀升。2011年我国原油、铁矿石、铜、铝等大宗矿产的对外依存度均超过50%;即使是相对丰富的煤炭资源,净进口量也在不断增加。同时,我国海外资源开发正面临着越来越多的限制。在上述情形下,战略性资源的对外依存度过高已成为我国经济社会安全稳定发展的重大潜在风险源。

其次,环境污染严重,格局更加复杂。2010年我国二氧化硫、氮氧化物、化学需氧量、氨氮排放分别达到2267.8万吨、2273.6万吨、2551.7万吨、264.4万吨,远远超过环境容量,环境污染十分严重。应该关注的是,伴随着快速的工业化进程,我国环境污染格局越来越复杂多样。例如,在传统酸雨污染问题依然突出的情况下,受机动车数量快速增加的影响,许多城市的大气污染由传统的单一煤烟型向煤烟、汽车尾气复合型污染转型,细颗粒物(特别是PM2.5)的污染问题凸显;在水方面,水资源、水环境、水生态和水灾害等四大水问题相互作用,彼此叠加,形成影响未来中国发展和安全的多重水危机(中国科学院可持续发展战略研究组,2007;中国科学院可持续发展战略研究组,2008)。

最后,部分生态系统退化严重,生物多样性面临威胁。据统计,由于全球气候变化及一些地区不合理的开发活动,我国部分重要生态功能区的生态环境继续恶化。目前全国水土流失面积高达356万平方千米,占国土面积的37.1%,我国是世界上水土流失最为严重的国家之一;2009年荒漠化土地面积达262.4万平方千米,沙化土地面积为173.9平方千米,约占国土面积的1/5;全国约90%的天然草地存在不同程度的退化。同时,生物多样性面临严重威胁,外来入侵物种严重威胁我国的自然生态系统,初步查明我国有外来入侵物种500种左右,每年造成的经济损失约为1200亿元(环境保护部,2012)。

1.4.2 有利于推动产业升级、促进发展方式转型

产业转型升级问题一直是我国经济发展的一大难题。从产业结构看,自2003年以来,我国进入新一轮的经济增长周期,作为工业化基础的钢铁、水泥、汽车等行业迎来了快速增长,产

业结构的重型化特征明显。从产业发展模式看,我国目前仍然未能摆脱以要素投入和规模扩张为主要特征的粗放型发展模式,钢铁、水泥、平板玻璃、煤化工等产业面临着产能过剩的威胁。从产业竞争力看,产业基本特征是"大而不强",即产业规模虽然很大,但产品结构和技术水平偏低,总体上仍然处于全球产业链的低端。以汽车为例,我国一方面拥有世界第一的产销规模,另一方面却面临着自主品牌竞争力薄弱、国内中高端市场尤其是高端市场几乎完全被国外产品占领的不利局面。

生态文明建设为推动我国产业转型升级提供了重要契机。大力发展节能环保、新能源、新能源汽车等战略性新兴产业,不仅可以促进节能减排,而且还能够提高竞争力、提供新的就业机会,使其成为新的经济增长点,进而促进产业结构转型。目前,我国战略性新兴产业发展虽然整体上仍处于起步阶段,但值得庆幸的是,西方发达国家尚未完成这些行业的专利和标准布局,这意味着我国依然存在占据国际竞争制高点的机会。通过推进生态文明建设,以创新驱动绿色新兴产业发展,中国完全有可能最终成为国际社会的领军者。

1.4.3 有利于提升国家形象和国际影响力

从世界范围来看,伴随中国、印度等新兴经济体的崛起,世界资源环境格局也随之发生变化,全球资源消耗与污染物排放的重心逐渐向东方转移,中国的地位日益凸显。统计数据显示,2009年,中国的GDP约占世界的7.6%,而主要资源消耗和污染物排放占世界的比重远高于GDP所占的比重。其中,一次能源消费量约占世界的19.3%,成品钢材消费量约占世界的48.1%,水泥消费量约占世界的53.4%,臭氧层消费物质消费量约占世界的44.5%,化石燃料燃烧CO_2排放量约占世界的23.7%(中国科学院可持续发展战略研究组,2012)。

与之相伴,资源环境问题也正成为中国与世界其他国家的交锋点及影响国家安全、国际形象和地缘政治的潜在隐患。例如,在全球气候政治谈判中,中国在世界碳排放格局中的突出地位致使西方国家一直指责中国不作为,甚至成为一些国家逃避自身责任的借口;中国对矿产资源、化石能源的全球性获取及跨境水资源利用等问题也容易为一些西方国家捕风捉影、散布"中国资源威胁论"和"中国环境威胁论"等言论提供口实和依据;以国有企业为主导的海外投资、开发和并购模式,正引起一些国家对中国崛起的"警惕"或"恐惧"。与此同时,国际社会对中国的期望也越来越高,希望中国积极承担与能力增长相符合的责任和义务,成为国际能源和环境问题的重要参与者。

总之,中国推进生态文明建设不仅关系到国内经济社会发展的可持续性,而且也惠及全球的可持续发展。一方面,中国解决好自身发展过程中带来的资源环境问题本身就是对人类发展最大的贡献,这是对相关威胁论最有力的回应。另一方面,中国特色的生态文明建设还能够为世界上其他发展中国家的发展提供有益的经验，从而引领全球的文明转型，战略意义重大。

1.5 生态文明建设相关政策

党的十七大报告明确提出了建设生态文明的目标，党的十八大则提出要把生态文明建设放在突出地位。在中央政策的引导下，以及随着国家对生态环境保护重要性的认识不断加深，全国各地掀起了一轮生态文明建设的热潮，并取得很大进展。但从总体上看，我国生态文明建设水平仍滞后于经济社会发展，资源约束趋紧，环境污染严重，生态系统退化，发展与人口资源环境之间的矛盾日益突出，已成为经济社会可持续发展的重大瓶颈制约。

经过近些年的积极建设，我国针对生态文明建设出台的政策已渐成体系，生态文明针对性政策体系的构建过程及政策体系本身主要具有以下特点：

1.5.1 国家高度重视利用政策引导生态文明建设

1990 年、1996 年、2006 年，国务院先后印发3 个关于加强"环境保护"的决定。尽管"生态文明建设"的内涵要高于"环境保护"，但对于环境保护的重视，也为其后的生态文明建设奠定了很好的基础。

2007 年11 月，党的十七大报告第一次明确提出了建设生态文明的目标，这是继物质文明、精神文明、政治文明之后提出的又一个新理念。2012 年11 月召开的党的十八大首次单篇论述生态文明，并提出"经济建设、政治建设、文化建设、社会建设、生态文明建设五位一体总体布局"。

2015 年4 月，我国首次以中共中央、国务院名义印发了《关于加快推进生态文明建设的意见》，这是就生态文明建设做出全面专题部署的第一个文件。文件首次明确提出了新型工业化、信息化、城镇化、农业现代化和绿色化的"五化协同"。

1.5.2 多个部门重视制定生态文明政策

2008 年，为贯彻落实党的十七大精神，推进生态文明建设，环境保护部出台了《关于推进生态文明建设的指导意见》。自2012 年以来，国家海洋局出台了《关于开展海洋生态文明建设示范区建设工作的意见》等一系列政策。2013 年，为加快推进水生态文明建设，水利部出台了《关于加快推进水生态文明建设工作的意见》。另外，林业、财政、农业等部门也都积极出台相关政策,以推动生态文明建设工作的开展。

1.5.3 重视利用法规保障生态文明建设

1989 年,《中华人民共和国环境保护法》正式施行。2014年4月24日,十二届全国人大常委会第八次会议表决通过了被称为"史上最严厉"的新法——《环保法修订案》,并于2015年1月1日施行。

贵阳市自2013年5月1日起正式施行《贵阳市建设生态文明城市条例》,这是全国首部生态文明建设地方性法规。2014年7月1日,《贵州省生态文明建设促进条例》生效实施。该条例则是全国首部省级层面的生态文明建设地方性法规。还有其他一些省市也积极制定相关法规,例如,珠海市自2014年3月1日起施行《珠海经济特区生态文明建设促进条例》;厦门市自2015年1月1日起施行《厦门经济特区生态文明建设条例》;青海省自2015年3月1日起施行《青海省生态文明建设促进条例》,这是藏区诞生的首部生态文明建设法规,也是除贵州省之外全国第二部省级层面的生态文明建设地方性法规。

1.5.4 多地政府也重视利用针对性政策引导生态文明建设

2009年,中共云南省委、云南省人民政府通过了《关于加强生态文明建设的决定》;2013年,中共云南省委、云南省人民政府又出台了《关于争当全国生态文明建设排头兵的决定》。2010年,福建省人大常委会出台了《关于促进生态文明建设的决定》。2014年,重庆市委、市政府下发了《关于加快推进生态文明建设的意见》。

中共中央、国务院出台《关于加快推进生态文明建设的意见》后,很多地方积极制定《贯彻落实中共中央、国务院〈关于加快推进生态文明建设的意见〉的实施意见》。

1.5.5 大力推动生态文明示范区建设

1995年,国家环保局启动了生态示范区工作。2000年,国家环保总局开始推进生态省、市、县建设。2013年6月,"生态建设示范区"经中央批准更名为"生态文明建设示范区"。

2013年12月,国家发改委等六部委下发了《关于印发国家生态文明先行示范区建设方案(试行)的通知》,计划在全国范围内选择有代表性的100个地区开展国家生态文明先行示范区建设。2014年公布了第一批共55个生态文明先行示范区建设名单。

另外,自2012年以来,国家海洋局开始推动"海洋生态文明建设示范区"建设工作。2013年以来,水利部也开始推动"全国水生态文明城市建设试点"工作。

2014年3月10日,国务院正式印发《关于支持福建省深入实施生态省战略 加快生态文明先行示范区建设的若干意见》。福建省成为党的十八大以来，国务院确定的全国第一个生态文明先行示范区。

1.5.6 积极制定生态文明建设规划

2008 年，江苏省张家港市在全国第一家编制完成《生态文明建设规划大纲》。2009 年，在"七彩云南保护行动"实施三周年之际，云南省编制了《七彩云南生态文明建设规划纲要》（2009—2020 年）。2013 年7 月，江苏省委、省政府出台了全国首个省级生态文明建设规划——《江苏省生态文明建设规划》。在各类生态文明建设规划制定过程中，林业部门更为积极。2013 年9 月，为贯彻落实党的十八大和习近平总书记重要讲话精神，大力推进林业生态文明建设，国家林业局组织编制了《推进生态文明建设规划纲要（2013—2020 年）》。2014 年以来，《甘肃省林业推进生态文明建设规划》《四川省林业推进生态文明建设规划纲要（2014—2020 年）》《湖北林业推进生态文明建设规划纲要（2014—2020 年）》《安徽省林业推进生态文明建设总体规划（2013—2020 年）》等规划纷纷出台。2015 年7 月，我国海洋生态文明建设实施方案（2015—2020 年）正式公布，这是我国首个有关海洋生态文明建设的专项总体方案。

1.5.7 不断进行生态文明制度建设与制度改革

完善生态文明建设的制度保障也是政策引导与规范的重点之一，不仅各类生态文明政策中大都有相关的制度措施，一些地方还出台了针对生态文明制度建设的政策文件。

2014 年以来，《青海省生态文明制度建设总体方案》《湖南省生态文明体制改革实施方案（2014—2020 年）》《吉林省关于推进全面深化全省经济体制和生态文明体制改革的具体实施方案》等政策措施纷纷出台，为全面深化生态文明制度建设做好了基础工作。

1.5.8 关注生态文明建设标准与考核办法的完善

中共中央、国务院印发的《关于加快推进生态文明建设的意见》中，就明确提出要完善生态文明标准体系。国家标准委则认真贯彻落实这一要求，积极健全完善标准体系，加快推进生态文明建设。

不仅国家层面的生态文明建设工作重视完善标准与考核办法，一些地方也重视相关工作。例如，2014 年3 月31 日，河南省制定印发了《河南省林业推进生态文明建设示范县考核办法》；2015 年2 月，湖北省发布《湖北生态文明建设考核办法（试行）》，具体对各地政府和省级各部门生态文明建设工作开展考核和评价。

1.5.9 利用金融政策支持生态文明建设

金融、财政等经济手段是推动生态文明建设的重要保障之一，近年来，从中央到地方都开始重视并积极完善相关政策。

国家发改委、国土资源部、环境保护部、财政部和国家林业局2015年5月7日联合举行发布会，就《关于加快推进生态文明建设的意见》进行解读。其中，财政部表示，将加大对生态环境的投入，同时，积极推进税收制度改革，更好地发挥税收杠杆调节作用，促进生态文明建设。

2014年，内蒙古自治区发改委、环保厅、金融办、银监局、证监局、保监局和人民银行呼和浩特中心支行7个部门联合印发《金融支持内蒙古生态文明建设指导意见》。

第2章　赤峰先民的生态观与社会实践

赤峰市地处燕山之背，大兴安岭之阳，西连阴山朔漠，东接辽海平原，因地势险要，历来被视为"京畿门户"。这里地域广袤，资源丰富，水土肥美，宜农宜牧，是红山文化发祥地，有"玉龙故乡"美名。生活在这块土地上的各族先民，用他们的勤劳、勇敢和智慧，创造了绚丽多彩的古代文明，为人类社会发展，为维护祖国统一做出了不可磨灭的历史贡献。

赤峰市位于内蒙古自治区的东部，总面积90275平方公里，东西最宽375公里，南北最长457.5公里。东与通辽市毗邻，东南与辽宁省的朝阳市接壤，南、西与河北省承德地区交界，北、西与锡林郭勒盟相连。地处燕山北麓、大兴安岭南段与内蒙古高平原、辽河平原的截接复合部位。

赤峰市地形复杂多样，山地、高原、丘陵、盆地、平原俱全。既有崇山峻岭，又有河谷平川；既有浩瀚的坨沼沙地，又有广袤无垠的天然森林、草原和肥沃的良田。总观地貌属山地丘陵区，中低山和丘陵约占土地总面积的73.3%。地势西高东低，北、西、南三面多山，西高东低，西部最高海拔2067米，东部海拔不足300米。处于暖温带向寒温带过渡地区，属大陆性季风气候区，四季分明，主要特征是：干旱少雨，多风沙天气，日照长，温差大，辐射强，冬寒长，春暖快，夏热短，秋凉早。年无霜期61~147.7天，年降雨量300~538毫米，年平均气温1.6~7℃。受地理位置制约，冬春季南北气流冲突激烈，多风霜干旱；夏秋季雨量集中，易受洪涝冰雹之灾。

赤峰市山川秀丽，土地肥沃。雄踞市境北部的大兴安岭南段山脉有古代匈奴、契丹族拜日敬天的诸多奇峰险岭。有辽朝皇帝拜天敬神、被宋朝使臣誉为"中国北方岱宗"的赛罕乌拉。清嘉庆帝颙琰在《望兴安大岭诗》中把这些大山说成是"尊同五岳神功浩，境达诸天御气通"，可见山势之险峻。耸立在市境南界的努鲁尔虎山的大黑山、七老图山的茅荆坝，莽莽苍苍，云遮雾绕，构成与辽宁省、河北省的天然分界线。巍峨屹立于市区东北的红山，是伟大的中国古老文明红山文化的发祥地。另有桃石山、喇嘛洞山和被誉为"塞北黄山"的马鞍山，都为赤峰大地平添了无穷的灵秀之气。世界面积最大的生长在高寒干旱沙地上的稀有原生植物群落克什克腾旗白音敖包红皮云杉林，是具有很高科研价值的原始云杉森林，已建立自然保护区。市境内的西拉木伦河、老哈河、乌尔吉木伦河、教来河、大凌河、滦河与内陆7条水系，汇合308条支流。镶嵌在草原上的天然湖泊140余处，其中以坐落在贡格尔草原上的达里诺尔湖最为驰名，为内蒙古自治区第三大湖。由贡格尔河、沙里河、亮子河、浩来河将达里诺尔、多伦诺尔、岗更诺尔三个湖泊连为一体，构成达里诺尔40余万亩水面的湖区。湖水清澈碧绿，粼波荡漾，西北岸边有几十座火山锥巍然屹立，西南岸有著名的元代应昌古城遗址，湖的北面环绕着金代长城，湖光山色，气象万千，为元代历朝皇帝驻夏避暑胜地，今被誉为"草原明珠""百鸟乐园"。湖内盛产鲫鱼、瓦氏雅罗鱼，已被内蒙古自治区批准建立为珍稀鸟类自然保护区。位于西拉木伦河、老哈河上的东西响水（瀑布），更曾招来无数文人墨客。

2.1 赤峰地区发展史

纵观赤峰历史，曾经有过光辉灿烂的古代文明。远在七千多年以前，赤峰大地便出现了远古人类活动，直至四千多年前的新石器时代晚期，一直繁衍生息，兴盛不衰。先民们创造的兴隆洼文化、赵宝沟文化、富河文化、红山文化、小河沿文化、夏家店文化等闻名中外、绚丽多姿的文化类型，丰富了我国古代文化的内容，在中国北方古代文明发展史中，具有特殊的地位和开拓作用，成为人类文明的重要源头之一。赤峰地区青铜时代遗存数以千计，代表了古燕族、东胡族的最高发展水平。汉、唐以后，古平地松林为人类生息、繁衍提供了良好的生态环境，养育了北方各族人民。五代以来，居住在潢水、土河流域的契丹族，顺应历史，在广袤的草原上建立了大契丹国，叱咤风云二百余年，在政治、经济、文化、艺术、民族交往、城镇建设等方面，做出了卓越贡献，给我们留下了内容丰富、形式多样、独具特色的文化遗产。金、元以后，多民族杂居相处的格局进一步形成、巩固。他们共同开发了这块热土，使社会生产有了更大的发展，蒙古族人民所做出的贡献尤为突出。

赤峰这块沃土，曾经孕育过灿烂的古代文明。两河流域的人民，在风云变幻的年代有过光荣的革命传统。赤峰地上地下有着独特的人文资源和丰富的宝藏，过渡性地理环境有着广泛的横向联系和四邻辐射的巨大潜力。

赤峰市历史悠久，是世界闻名的"红山文化"的发祥地，是把中国文明史向前推进一千余年的"天下第一龙"出土的地方，是辽王朝政治、经济、军事的中心。进入夏王朝以后，赤峰大地先后为先商、山戎——东胡、匈奴、乌桓、鲜卑、奚、霫、契丹、汉、女真、蒙古诸民族的繁衍生息场所。在漫长的岁月里，活动在赤峰市境的各族先民，弯弓跃马，驰骋草原，指点江山，创造了光辉灿烂的文化，境内的数以百计的红山文化遗址，燕、汉右北平郡城址，辽朝两大皇都及祖州、庆州等古城遗址，横跨市境南北的燕、秦、汉长城，金边堡遗迹，都记载了赤峰市境古代文明的繁荣昌盛，证明这里是中华民族孕育、发展的摇篮之一。

赤峰市是东北、华北平原通往内蒙古高原的重要走廊和通道。它东通辽沈，南近京津,北接锡林郭勒大草原,一向为北京侧翼屏障,历来为兵家必争之地,现在仍为国防战略要地。

战国后期东胡族对燕国北境构成了强大的军事威胁,燕将秦开一举击败东胡,在边境构筑了宏伟的军事工程——自造阳至襄平的燕长城,沿线设辽东、辽西、渔阳、上谷、右北平五郡,其中右北平郡治所平冈,即在今赤峰市宁城县境内。魏、晋以后,鲜卑宇文部自阴山(今大青山)东迁今赤峰市境,并建牙帐于紫蒙川(今老哈河中游两岸)。唐贞观时期分别在今赤峰市境设饶乐都督府和松漠都督府,并于白霫别部之地设居延州,史称"霫城"。

公元916年,耶律阿保机统一契丹八部,建立契丹国,947年改国号为辽。时唐之幽州节度使拥兵割据,汉人纷纷流入辽境,辽帝吸收汉族文化,启用汉官,治理朝政,创契丹大小字,兴农牧生产,拓疆万里,日益强盛,成为中国北境一强大政权。辽朝在其辖区建五京,今赤峰市境有二京,即上京临潢府、中京大定府,皆为皇帝临朝主政之地,辽之政治、经济、文化、军事中心。二京之下在赤峰境内建有15个州、31个县,形成了许多具有一定规模的城镇。当时辽与宋、西夏三足鼎立,常有使臣往来,互通友好。北宋名人沈括、欧阳修、包拯、苏辙等曾出使辽朝。高丽、回鹘使臣和日本商人也多次来访。辽朝的200多年间农牧业生产兴旺,人民生活安定,出现了"农耕于野,工居于肆,商贾于市"的繁荣太平景象。

金灭辽后,赤峰市境多数州县废弃,经济日渐衰败。元朝建立后,赤峰南部为辽阳行省大宁路和中书省上都路辖区,北部部分地区属中书省泰宁路,大部地区为成吉思汗勋臣弘吉刺氏特薛禅之封地。先后在今克什克腾达里诺尔湖西侧建应昌城(鲁王城),在今翁牛特旗乌丹镇(特薛禅驻夏之地)建全宁城。元朝覆亡后,元顺帝北逃至克什克腾旗达里诺尔湖畔的应昌城,维持20年的逃亡政权,史称"北元"。

清朝对漠南蒙古大部地区实行盟旗制,三年一会盟。各扎萨克旗独立执政,直接对清廷负责。朝廷对王公贵族封官赐爵,奖赏有加。继续实行和亲,从皇太极到康熙、乾隆,先后有7位公主下嫁赤峰市境内的蒙古王公。历次公主下嫁所带陪房,俗称七十二行,对发展赤峰市牧区的手工业、建筑业、园艺种植起到了推动作用。由康熙皇帝玄烨亲临前线指挥的乌兰布统之战,是清朝巩固北部边疆的一次著名战役,坐落在克什克腾旗南部高原上的乌兰布通古战场遗址,一向为历史学家和旅游爱好者所瞩目。为巩固国防,稳定边疆,康熙帝玄烨、乾隆帝弘历曾十数次到赤峰市境巡视。从雍正五年(1727年)以后,清廷相继在赤峰建立乌兰哈达税关、税务司署、理事通判厅、赤峰县、赤峰直隶州等政权机关,管理蒙旗境内的汉民事务。

民国之初赤峰、林西均设有镇守使。1914年,民国政府批准赤峰为开埠城市。抗日战争胜利后,中国共产党曾在这里设冀察热辽分局,为解放全东北,通过热河走廊,经赤峰等地,输送人民子弟兵11万余人,干部2万余人。赤峰市的前身是昭乌达盟,1983年经国务院批准实行市管县体制。改市后，辖3区、7旗、2县，即红山区、郊区（1993年7月经国务院批准改名为松山区）、元宝山区、阿鲁科尔沁旗、巴林左旗、巴林右旗、克什克腾旗、翁牛特旗、喀喇沁旗、敖汉旗、林西县、宁城县。

1990年末人口411.2万人，其中蒙古族63.9万人，汉族333.3万人，满、回、藏、朝鲜、达斡尔等27个其他少数民族共14万人，在总人口中城市人口56.4万人，农村牧区人口354.8万人。人口密度每平方公里46人。到2012年6月，全市总人口达到434.1245万人，人口密度每平方公里48.08人。

2.2 先民的生态意识

一个民族的生存和发展，与其赖以生存的生态环境密不可分。在人类社会发展的漫长岁月里，有无数文明在优越的自然环境中孕育而生，又有数不尽的文明因自然环境的恶化而衰退甚至消亡。

在赤峰这块热土上生活过的先民们，用他们的无穷智慧带给我们灿烂的引以为傲的文明。因为地理条件、自然环境赋予曾经生活在这片土地上的人们无尽的恩泽，曾经的以匈奴族、蒙古族为代表的先民开创了以敬重生命为内核的草原文化。

考古资料证明，我国北方广大地区是草原文化发祥地，不但分布有许多早期人类活动的遗迹，如大窑文化、萨拉乌苏文化、扎赉诺尔文化等，而且拥有很多可以认证中华文明起源的文化遗存，如兴隆洼文化、赵宝沟文化、红山文化等。这些文化表明，在中华文明的起始阶段，我国北方广大草原地区文化是"中华五千年文明的曙光"。草原文化与黄河文化、长江文化一样具有重要战略地位，是灿烂的中华文化的源头，使中华文化既有博大的丰富性和多样性，又充满生机与活力。

草原文化是中华文化的重要组成部分，主要分布在我国的北方地区，是中华各区域文化中分布最广的区域文化。历史上，在中原地区建立统一农业区政权的同时，北方草原上的匈奴、鲜卑、柔然、突厥、契丹、蒙古等游牧民族也相继建立了统一游牧区的政权。自战国时代到秦汉时期，匈奴族在北方草原崛起，建立了统一北方草原的强大政权。西晋以后，北方草原民族向中原内地迁移并建立政权，我国进入了"五胡十六国"时期。在东晋时期，鲜卑族逐渐壮大，入主中原，建立了北魏政权。五代之际，契丹族统一北方，建立了辽政权。此后女真人在北方崛起，推翻了辽、北宋政权，建立了金朝。在元、清两朝，蒙古族、满族不仅统一了北方草原地区，而且建立了包括大江南北、长城内外的疆域空前广阔的统一政权，巩固了统一的多民族国家。在此期间，草原文化通过与中原文化长期碰撞、交流、吸收、融合，今天已经演变成为以内蒙古为主要集聚地、蒙古族文化为典型代表、历史悠久、特色鲜明、内涵丰富的文化体系。在文化类型上，这个以北方游牧文化为支撑的草原文化体系，与中部的农耕文化和南方山地游耕文化一起构成我国三大类型经济文化区。

2.2.1 匈奴的生态意识

2.2.1.1 匈奴所表现出的生态文明

W·施密特指出："在父权游牧和畜养文化圈中所保持的原始宗教成分比任何其他文明为多。在他们广大的沙漠和草原中，高而无际的天空，他们更将至上神视作他们的天帝，甚至将神与某种物质的天空本身混在一起。父权的氏族制度是畜养文化的特征，也是建立社会阶级的开端，时常将至上神颂扬的高高在上，与人不发生直接的关系，而建立了几种神属下的较低的神的等级，世人只能借着他们来与至上神发生关系，而至上神的住处转移到天的高层。"匈奴人有"天所立""天地所生"的"天"意识。匈奴人的宗教信仰带有明显的萨满教特点。据记载，匈奴人"五月，大会茏城，祭其先、天地、鬼神"，"而单于朝出营，拜日之始生，夕拜月"，"举事而候星月，月盛壮则攻战，月亏则退兵"。有巫者，出兵必占吉凶，敬仰天地日月，有崇拜偶像的习俗。在诸神崇拜中，特别注重天神。认为天神是诸神的最高主宰，人世间的得失均仰仗于天。如果人的行动能顺乎天道，天便会给人赐吉祥。否则，天便要给人降灾祸。因此每当行事顺利时，便称之为"天之福"。自匈奴始，我国北方草原的各个民族把敬重自然的生态意识流传下来，突厥也是一个崇拜"天"的民族。在突厥文碑铭中，有许多"从天生""天所生"的概念。在粟特语中，也有相同的"天"的概念。蒙古人的"长生天"意识更为人所周知。

"图腾"一名，为北美印第安阿尔衮琴部落奥吉布瓦方言，其实体是某种动物、植物、非生物或自然现象，含义为血缘亲属、祖先和保护神。原始人把与自己日常生活中密切相关的动物、植物等作为血缘亲属或祖先或神加以崇拜，进而产生图腾文化。在所有匈奴的遗址和墓葬中，都有大量以动物为装饰的器物，这种动物造型是匈奴文化的主要特征。动物造型是欧亚草原古代民族通用的装饰题材，分布地域相当广泛，从中国北方草原地区、蒙古国、南西伯利亚、阿尔泰、哈萨克斯坦到黑海沿岸都很盛行，国外学者将此命名为"野兽纹"。匈奴自然崇拜，当然离不开大自然赋予的动物，马、牛、羊、虎、鹰等都是草原上常见的动物，与匈奴的生活密切相关，很容易成为他们的图腾。祭祀的祖先也与动物图腾有关，匈奴各部落认为草原上生存的动物与自己的来源有关，把之作为祖先崇拜。匈奴常把偶像作为祖先、天地、鬼神的化身而予以崇拜。由于特定的生态环境和生活方式，马、牛、羊、鹿、虎、鸟等动物便成为匈奴的崇拜物，即氏族或部落的标志物。匈奴文化的主要内涵为各种质地上乘的动物造型，这不仅体现了战国至汉朝中国北方草原地区的生活情景，更能反映当时与日常生活有着密切联系的原始宗教——图腾崇拜的状况。费尔巴哈曾说:"对自然的依赖感,再加上那种把自然看成一个任意作为的,有人格的实体的想法,就是献祭这一自然宗教的基本行为的基础。"动物本身来源于自然生态环境,与匈奴的生活有着密切的关系,这就使匈奴对动物有着某种亲近感,最终产生对它们的崇拜,出现了最初的原始宗教。匈奴人在特定的生态环境中,对牧畜和野兽有着特殊的感情,表现在艺术上便塑造了各种形态的动物图案,并赋予深刻的文化含义,即图腾文化。动物造型不仅体现了匈奴的经济类型、生活情景和剽悍勇敢的民族性格,还上升到观念形态,作为图腾去崇拜。

匈奴的图腾文化对后世北方民族的图腾崇拜有很大影响,动物造型在历代北方民族中都占有重要地位,说明图腾文化为北方草原地区诸民族的文化共性。匈奴人的萨满教信仰在北方民族中也广为流传。在接受佛教、伊斯兰教等宗教信仰之前,阿尔泰语系各民族都曾经信仰过萨满教,他们继承匈奴的生态文明,崇拜自然、神灵、图腾、祖先。时至今日,在通古斯语族的许多民族中以及一部分蒙古人中间,还或多或少地存在着一些萨满教信仰。从匈奴开始,在我国北方少数民族中形成了保护自然的优良传统和意识,从而形成了天地崇拜、山地崇拜、树木崇拜、水草崇拜、图腾崇拜等多种崇拜。

2.2.1.2　根据气候变化创造伟大的游牧文明

匈奴民族最初并不是选择了以畜牧业为主的经济生活,农业才是其先民最先选择的经济生活方式,但当自然环境和气候发生变化时,他们的生产方式根据地理环境及其所拥有的自然资源做出相应的调整,从农业生产方式变迁为游牧文明,适应了自然环境。

在匈奴故地,公元前4000年左右已有人类在此以农业谋生,农业为当时人们的主要生产活动。在河套以北地区,相当于仰韶晚期的人类遗存是"阿善二期文化",时代相当于公元前3700—前3000年。这一时期人类的遗存较为丰富,以农业为主兼营狩猎采集的经济生活特征明显。到了公元前3000年,在包头地区,出现了"阿善三期文化"。从以上考古学资料得知,匈奴及其先民早期的生产生活依赖有利于农业的自然环境和气候,从事一种以原始农业为主的经济活动。

气候上的变化是造成匈奴变迁的重要因素。许多古气象学家都曾指出,就全球整体而言,公元前2000—前1000年,是一个逐渐趋于干旱的时期。这个趋势,到了公元前1000年左右达到顶点。有学者指出,公元前6000—前1000年,华北地区是较湿润的时期。在公元前1000年左右,这里最后一期的森林草原消失了,干旱或半干旱气候再度形成。在鄂尔多斯地区,由于受青藏高原抬升运动的影响,全新世以来鄂尔多斯地区的干旱与半干旱气候便逐渐形成并持续加强,以致形成了现在大青山以南的套北地区以及鄂尔多斯东部、土默特平原都属于温暖的半干旱气候;鄂尔多斯西部,则属于温暖的干旱性气候区,到了狼山下的套西北地区，年降雨量只有150~250毫米。因此大体来说，此区域干旱的程度是由东南向西北递增的；降水量不平均且变化大是其特点。人类想要在这里生存和发展，只得适应新的自然环境，调整土地利用方式和传统的经济结构。公元1世纪之前，匈奴及其先民由从事原始农业转变为从事畜牧业，并建立了一个强大的游牧帝国。《史记·匈奴列传》说匈奴人从远古以来，就居于北蛮，"随畜牧而转移"。《盐铁论》则载匈奴"因水草为仓廪"，"随美草甘水而驱牧"。《淮南子·原道训》说"雁门之北狄不谷食"。《盐铁论·备胡》亦说"外无田畴之积"。在阴山岩画中发现的众多射猎图、牧马图、穹庐毡帐图，艺术地再现了北方民族的游牧、狩猎生活场景。从匈奴的畜群规模也可以看出当时游牧经济的成果，《史记》记载，冒顿围汉高帝于白登山时有"步兵未尽到，冒顿纵精兵四十万骑围高帝于白登山"，"匈奴骑，其西方尽白马，东方尽青骓马，北方尽乌骊马，南方尽骍马"。公元前127年，卫青率兵北击匈奴，"得牛羊百余万"。公元前124年，卫青击匈奴右贤王，得"畜产数千百万"。公元前71年，汉校尉常惠获其马、牛、羊、驴、橐驼70余万头。公元89年，窦宪追击匈奴败兵于私渠比鞮海，"获牲口马牛羊橐驼百余万头"。公元134年，"掩击北匈奴于阗吾陆谷，获牛羊十余万头"。以上仅就一个地区、一次战役而言，而且又仅是被获之数，每次已多至百万或近百万。汉代匈奴人与内地边贸是很发达的。杜笃在其《边论》中记曰："匈奴来请降，……帐幔毡裘，积如丘山。"匈奴人驱赶牲畜前来互市时，少则万余头，多则十几万头。公元84年，北单于派一个亲王，"驱牛马万余头号，与汉贾客交易"。汉武帝时，把"互市"当作诱歼匈奴的手段，公元前127年"互市"时，汉朝突然出兵4万骑，分击上谷、云中、代郡、雁门，"虏三千余人，获牛羊百余万头"。可见当时匈奴的畜牧业之发达，草原是畜牧业的基础，足见草原植被之优良。

游牧文明就是在这样的生态背景下产生的，游牧文明显示出其顽强的生命力和优越性，其显著的优点就是相比农业对自然的破坏力小得多。就北方蒙古高原半干旱性草原而言，保持对自然合理利用是人们赖以长期生存的法则。匈奴人选择游牧，是"适应北方寒冷、干旱气候条件的生产、生活方式的成功选择，是人类延续和发展社会生产力的又一次胜利。游牧经济的诸多优点，更为匈奴之后陆续出现的北方诸民族所延承和发展，其奠基性是不容忽视的"。亦邻真先生指出："游牧经济的产生是蒙古地区上古时期经济发展中的一个巨大的飞跃，是北方民族人民的伟大历史贡献。"这使这里成为"亚细亚古老畜牧业的发源地"（俄·彼得洛夫语）。匈奴人的游牧业生产方式为后世几乎所有亚欧草原游牧民族所继承。据记载，突厥人"随水草迁徙"，所从事的游牧业生产基本上与匈奴相同。蒙古人也是如此。匈奴人及其先民所创造的家畜的驯养、改良、杂交等生产技能，如骆驼的驯养、骡的生产等，也被许多游牧民族所继承，许多匈奴游牧文明的要素和成果依然在被诸多游牧民族传承和发展着，有些穿越了两千余年的历史雾霭，流转至今。

匈奴人轻柔地踏在北部的草原上，但他们没有在这片草原上留下任何痕迹。在决定本民族，甚至他们之后若干民族历史命运的历史关头，他们实现了一次华丽的转身！

众所周知，从匈奴到蒙古，少数民族所居住的北方草原的降水量少，土壤层薄，是一个极其脆弱的生态环境。所幸有匈奴创造的伟大游牧文明适应了这里的环境，所幸匈奴之后的少数民族继承和发扬了这一优秀文化传统，为人类留下了一个在现代社会前较好的草原生态环境，否则，这里有可能在早些时候就已经完全沙漠化了。

由于匈奴的尊重自然的意识形态和生产方式的适时调整，创造了游牧这一生态文明的形式，在这两种力量的作用下，尽管蒙古高原生态环境极其脆弱，在游牧民族居于主导地位时，这里的生态环境是良好的，历史上的内蒙古草原的生态系统的生物量巨大，生态系统复杂，生物层次多样。而且这种苍茫广袤的草原和万木争荣的森林组成的生态系统，并不是昙花一现的历史一瞬，而是从远古一直延续至近代。

2.2.2　蒙古族的生态意识

蒙古族是我国北方古老的游牧民族，世世代代生息在广袤的草原上。逐水草而居的游牧生活使蒙古人对草原生态环境有着一种长久而深沉的关怀。在长期的生产生活实践中，对他们赖以生存的草原生态环境采取了形式多样且行之有效的保护措施，从他们的宗教信仰、风尚习俗、法律制度到生产生活方式，无不体现着对生存环境的关爱，形成了一些非常可贵的环保习俗和生态意识，这些传统观念对今世的正处在环境困境的我们，在环境保护和可持续发展方面，无疑具有借鉴意义。

2.2.2.1　宗教信仰与生态意识

宗教作为一种文化现象，起源于人对自然力的敬畏和信仰。它与生态保护的关系可谓由来已久，对人们宇宙观和价值观的形成起着决定性的作用。蒙古族历史上主要信仰的是萨满教和佛教。古代蒙古族信仰原始宗教——萨满教，从13世纪开始，随着蒙古民族社会的进步和对外军事征服，蒙古族上层接触到藏传佛教（俗称"喇嘛教"），藏族高僧深厚的宗教修养吸引他们皈依佛门，但广大牧民仍然信仰萨满教。元亡明兴，蒙古族统治者退出中原，与藏传佛教的联系暂告中断，其宗教生活基本退回到以萨满教为主的状态。16世纪以后，蒙古族王公贵族开始接受藏传佛教的格鲁派，也称黄教，并积极在下层牧民中传播。到了清代，藏传佛教在蒙古民族中已经是家喻户晓，无人不知了。直到现在，在游牧地区藏传佛教仍然是蒙古族的主要宗教信仰。正因为如此，萨满教的万物有灵论和佛教的生态观深刻地影响了蒙古族传统的生态意识。

萨满教是蒙古族等阿尔泰语系许多民族信仰的原始宗教。作为一种自然宗教，萨满教有着悠久的生态保护传统。萨满教的自然神系统主要以无生命的自然事物和自然现象之神为主。在萨满教的观念中，宇宙万物、人世祸福都是由鬼神来主宰的，所以，在萨满教的自然神系统中，天地神系统占有重要地位。天神腾格里，即长生天，掌管人世间的万事万物；地神额图肯掌握万物生长，谷物丰收，保佑平安。此外，认为山川、湖泊、树木等均由各自的神灵掌管。所以，在萨满教的自然观中，自然是神格化和人格化的观念体系，自然崇拜有一定的理论基础和逻辑基础。萨满教的这种万物有灵论，对待自然往往爱护有加，是自然而然的生态保护论者。

深受萨满教万物有灵论影响的蒙古人，具有很好的生态保护传统。他们珍视自己繁衍生息的草原，认为土地是万物得以生存的基础，地有地神，它能保佑人们安康幸福。出于对土地神的敬畏，古代蒙古人忌讳把"奶或任何饮料和食物倒在地上"，"在搬迁时把垃圾扫干净，把自家的地面打扫干净，掘的草皮埋好，把羊毛、碎羊皮、羊骨头等都打扫干净"。这些习俗对净化草原环境无疑是非常有利的。

蒙古族的生态意识从他们祭天、祭山、祭"敖包"习俗也得到了充分的体现。历代蒙古汗都有祭天习俗。"元兴朔漠，代有拜天之礼，衣冠尚质，祭器尚纯，帝后亲之，宗戚助祭，其意幽深古远。"正是这种祭天的习俗，逐渐发展为祭高山、大石的习惯。古代蒙古人认为，山高大峻峭，雄伟神秘，是通往天堂之路，高山是他们幻想中神灵居住的地方，也是氏族和部落的保护神，对神山顶礼膜拜，有很多禁忌。如在神山附近进行狩猎时，不能砍伐山上的树木，不能挖掘山脚下的土壤，禁止在山脚下点火烧到树木和草丛。罗布桑却丹在《蒙古风俗鉴》中讲："如果祭祀湖泊，就无论如何也不许人们吃这个湖泊的鱼，祭了山就不准用这个山上的树、草、木。"

神山崇拜逐渐演化为祭"敖包"的形式，"敖包"通常是设在地势广阔、风景优美的高山或丘陵上，用石头堆成圆锥形的塔，宛如一座烽火塔，其中放有神像，顶端插着一根长竿，竿端系着牲畜头角和经文布条，被认为是多种神灵居住的地方。虔诚的牧民每年按季节举行祭祀仪式，由萨满司祭，"向天神求雨，向地神求草"。牧民视"敖包"为草原保护神，祈求神灵保护牲畜兴旺、草原吉祥。揭开祭"敖包"的神秘面纱，可以发现，这种形式客观上起到了生态保护的作用——把山川大地与神灵同样看待，提高了生态环境在人们心中的地位；男女老幼均参加的祭"敖包"活动，具有全民生态教育之功效。

在古代蒙古族的萨满教观念中树神往往和灵魂观紧密地联系在一起。据《出使蒙古记》记载："现今皇帝的父亲窝阔台遗留下一片小树林，让它生长，为他的灵魂祝福，他命令说，任何人不得在那里砍伐树木。我们亲眼看到，任何人，只要在那里砍下一根小树枝，就被鞭打，剥光衣服和受虐待。"显然，这种神树观念具有一定的保护环境的作用。蒙古人对树木的崇拜和供祭,在萨满的祭仪中有明显表现,在《蒙古秘史》等典籍中亦有记载。如供独棵树、繁茂树、"萨满树"、桦树等习俗的产生,从根源上说,无不与树木图腾有关。

从明末到清朝中叶,藏传佛教(黄教)已在蒙古社会普及,成为全民信仰的宗教。佛教与萨满教在对待自然环境方面具有很强的亲和力。佛教所呈现出来的因果法则、普度众生的慈悲心怀、整体观念及和谐原则,等等,其中蕴涵着深刻的生态观念,对维持蒙古族赖以生存的草原的生态平衡起到了相当积极的作用,延续和加强了萨满教信仰中的生态意识,使蒙古人的自然保护文化得以传承下来。

长期以来,萨满教及佛教的生态观念潜移默化地影响着蒙古族人民,超自然神灵的威慑、宗教信条的规范,久而久之便自然内化为蒙古族根深蒂固的环境保护意识和生态道德,成为蒙古族传统美德的重要内容。

2.2.2.2　法律法规与生态意识

在对待自然环境和利用自然环境方面,各民族人民具有不尽相同的传统和经历。蒙古族是最早形成自然保护法律意识和具体法律条文的民族之一。正是依法保护自然的优良传统,保证了蒙古族具有深厚基础的自然保护习俗得以传承至今。

蒙古族自古就有许多世代相传的习惯法,蒙古语称为"约孙",意思就是道理、规矩、缘故。一般来说,作为"不成文法"的一种,习惯法是指国家认可并赋予法律效力的习惯,人们都自觉遵守,具有较强的稳定性。元代以后,成文法逐渐在蒙古社会占据主导地位。无论是习惯法还是成文法,其中都有关于环境保护的规定,涉及保护草原、水源(河流)、野生动物、树木等。可以看出,蒙古人对生存环境的尊重和悠久的生态意识。

作为游牧民族,如《黑鞑事略》所述:蒙古人居徙"迁就水草无常,……得水则止,谓之定营"。这种逐水草而居的生产、生活方式决定了他们对自然环境的绝对依赖关系,因而随意破坏草原、污染河流、浪费水源的行为便会受到禁止。《黑鞑事略》中就有"遗火而炙草者,诛其家"的记载。在成文法中记述最多的是对破坏草场的草原荒火纵火者的处罚。清朝时期的《喀尔喀法典》第58条规定:"发现失放草原荒火者,向(放火人)罚要五畜加一马。(放火人)如以赔偿代错,可赔五畜之一倍。如致死人命,则犯了人命案。"至今在蒙古族民间禁忌中仍有许多禁止破坏草场、乱挖草地的民间禁忌。由于北方草原水源奇缺,生活在这里的蒙古人深知水的宝贵,把水称为"甘霖",严禁以任何方式污染水源。为了向水神示敬,在成吉思汗颁行的"大扎撒"中规定:"春夏两季,人们不可以白昼入水,或者在河流中洗手,或者用金银器皿汲水,也不得在原野上晒洗过的衣服;他们相信,这些动作会引起雷鸣和闪电。"谁违背这些规定,便会遭杀身之祸。还有"于水中、余烬中放尿者,处死刑"之条。可见当时对毁草者和污染水源者的处罚之重。

狩猎业一直是古代蒙古游牧经济的补充。古代蒙古人狩猎,十分重视选择狩猎季节,一般在冬春两季组织围猎,猎取野生动物作食物补充。当时的草原上野生动物大量出没,即使如此,蒙古人仍然十分注意捕猎有度,制定了相关规定。成吉思汗时期,规定"从冬初头场大雪始,到来年牧草泛青时,是为蒙古人的围猎季节",把围猎作为军事训练的手段,定为国家制度,依法执行。把围猎作为训练军队的手段,可见当时草原上的野生动物是相当多的,但他们并不做灭绝性的猎杀,而是要放走适量的母兽和仔兽,以保证野生动物的繁衍,维护生态平衡。蒙哥汗曾下令:"正月至六月尽怀羔野物勿杀。"关于这一点,《北房风俗·耕猎》中说:"若夫射猎,夷人之常业哉,然亦颇知爱惜生长之道,故春不合围,夏不群搜,惟三五为朋,十数为党,小小袭取以充饥虚而已。"北元时期的《阿勒坦汗法典》第89至94条也明确规定了保护野生动物的内容,其中包括:偷猎野驴、野马者,罚以马为首之五畜;偷猎黄羊、雌雄狍子者,罚绵羊等五畜;偷猎雌雄野鹿、野猪者,罚牛等五畜;偷猎雄岩羊、野山羊、麝者,罚山羊等五畜;偷猎雄野驴者,罚马一匹以上,等等。

法律对保护树木的规定也很具体。《卫拉特法典》第52条规定:"若犯圣山林者,为顶替其性命罚以三岁驼两峰。"《三旗法典》第133条规定:"在库伦辖地外一箭之地的活树不许砍伐,谁砍伐没收其工具及全身所带的全部财产。"《三旗法典》第134条规定:"从库伦边界到能分辨牲畜毛色的两倍之地内的活树不许砍伐,如砍伐,没收其全部财产。"这些法规条文规定具体、准确,便于操作,且奖惩分明,针对性强,对环境的保护作用不能低估。

2.2.2.3 游牧生产、生活方式与生态意识

蒙古族传统生态保护意识的形成,很大程度上是由草原生态环境和游牧业经济基础决定的。也许在一般人看来,游牧民族在上苍赐予的无垠草原中生活,不存在土地意识。其实不然,随季节而移动,本质上就是出于对草地利用的经济上的选择。蒙古人正是以适应草原生态的游牧生产方式和生活方式,使自己得以生存和发展。即使从现代科学角度看,游牧生产和生活方式也具有存在的必然性和合理性,而且在环境的保护和资源的利用上具有自己的独特优势。

在传统游牧社会,蒙古族对于放牧草地的利用和保护有着一套合理方式。牧人对放牧地的选择与自然的变化紧密地联系在一起,他们对广阔草原上草地的形状、性质、草的长势、水利条件等,具有敏锐的观察力。有经验的老牧人,即使在夜间骑马,也能用鼻子嗅到附近草的种类和土质;对于外人来说,茫茫草原千篇一律,而对蒙古牧人来说草原却是千差万别并能清楚地区别各自的特征。"自夏及冬,随地宜,行逐水草,十月各至本地。"这就是人们通常所说的转场。为了合理利用草场资源,使牲畜在全年不同季节都能获得较好的

饲草供应，牧民一般每年从春季开始都要进行牲畜转场。这种转场，在一些气候、植被条件差异较大的地方，一年要进行四次，称为四季营地；而在一些地势平坦，气候、植被条件差异较小的地方，一年只进行两次，即夏营地和冬营地。"夏季到山坡，冬季到暖窝。"这种转场轮牧方式既是对草原生态环境的一种适应，也有利于对草原的保护。放牧时，蒙古族牧民还习惯于跟随畜群撒播优良牧草种子，这实际上是对草原的补播改良，使广阔草原生生不息。

在游牧生产实践中，蒙古族牧民创立了一种保护草原的好方法——草库伦，即用栏杆等藩篱把草原一块块地围起来，防止牲畜随意进入、践踏，还用人力更新草库伦内的植被，使牧场得到必要的休养，用来储草或必要时放牧。这种传统方法不仅可以逐步改善草原生态环境，而且在人类生产劳动的作用下，人为地调整和积极建设水、草、林、料基地，使之成为最有利、成分繁杂的草原生态结构。从总体上说，游牧生产投入少，成本低，效益好，清洁而无污染，对自然界的干扰破坏小，有利于人类可持续发展。

蒙古族居住的蒙古包也充分体现了适应环境的原则。蒙古包全部用木料和毡片建造，简易轻便，搬迁自如，抵御风寒，适于游牧。蒙古包对自然环境的反作用力极小，克服了草原上城市化带来的弊端，与草原环境非常协调。

2.3　先民生态观对建设现代生态文明的启示

草原游牧民族由于生存的需要，崇尚自然，顺应自然的选择，珍爱草原生命，重视对草原、森林、山川、河流和生灵的生态保护，对生态保护积累了丰富而宝贵的经验。这种特殊的生产生活方式，使草原文化成为以崇尚自然为根本特质的生态型文化。这种"长生天"文化理念从观念领域到实践过程都同自然生态息息相关，将人与自然和谐相处当作一种重要行为准则和价值尺度。草原游牧民族对自然生态的良好观念和做法，对现代生态文明建设有着深刻启示。近些年来，我国北方草原、森林正在恢复，越来越成为我国北方的一道绿色天然生态屏障。在这里生活的各族人民创造了"围封转移""轮牧休牧""生态移民"等做法，使草原民族固有的先进生态理念更彰显出新的生命力和价值。

第3章　上世纪赤峰的经济和生态建设

3.1 经济基础设施建设

3.1.1 电力供应方面

新中国成立后,赤峰电力供应逐年发展。1950年11月,支栋楼临时发电所(对外称发电厂)停运,五道街老电厂柴油机组恢复发电。到1958年,赤峰老电厂先后扩建6次,安装蒸汽机、汽轮机、柴油机9台,装机总容量为3340千瓦。1958年赤峰新电厂在东郊筹建,1987年8月前称赤峰发电厂。总占地面积30.4万平方米,1990年有职工974人。该厂原设计能力3.6万千瓦。后因红山发电厂援建项目下马,电厂改为供应地区用电,工程建设规模缩为2.4万千瓦。1988年供热改建完成后,2台1.2万千瓦汽轮发电机和3台130吨/时锅炉投入运行,装机容量增至4.8万千瓦。1976年,依托煤资源优势、总设计发电能力210万千瓦国家大型坑口发电企业元宝山发电厂在赤峰元宝山开工建设。元宝山发电厂,西距赤峰中心城区35公里,东西斜跨平庄、元宝山两大煤田区,地下煤、水资源丰富,经济地理条件优越。元宝山发电厂地处辽西电网末端,为电力工业部东北电管局直属企业。装机总设计能力210万千瓦,投资总金额443846万元,厂区占地面积为1108233平方米,是国内最大坑口火力发电厂家之一。至此,以火力发电为重心,水、风发电齐全,大中小配套的赤峰电力工业,开始跨入全面发展新阶段。至1990年,赤峰地区共有发电厂、站、点2634家(台),由电能源短缺区,跃居为电力输出大户。赤峰市小水电建设,最早为巴林左旗十三敖包(红星)水电站,始建于1957年。安装小型水轮发电机组112千瓦。

赤峰北部牧区,草原辽阔,地广人稀,居住分散,架线送电,历来困难。新中国成立后,各级人民政府,在无电区积极推广普及风力发电,为发展偏远牧区电力建设开拓了广阔前景。至1990年,全市在北部五旗共推广安装风力发电机2412台,其中阿鲁科尔沁旗654台,巴林左旗110台,巴林右旗820台,克什克腾旗785台,翁牛特旗43台。总容量260千瓦,年发电量39.7万度。

3.1.2 采矿方面

黑色金属矿采选。1949年前,赤峰市无铁金属采选工业。1958年大跃进时期,掀起"大炼钢铁"群众运动。为就地解决矿石原料,发动群众"找矿献宝",共发现铁矿点322处,矿化点500余处。由于一哄而起,盲目上马,经济效益极微,1961年,多数矿相继停办下马。至1990年,全市铁矿石采掘量为9.12万吨,从业人员234人。锰矿采选业始于1958年,巴林左旗边勘探边开采,建起了浩尔吐、白音敖包两个锰矿点,从业人员70余人,年采锰矿石2600吨,创产值8000元。1988年,郊区安庆沟乡办锰矿建成投产,从业人员71人,年产矿石34万吨,创产值14万元,实现利税3万元,形成固定资产原值152万元。至1990年末,全市各种经济类型的黑色金属工业企业已发展到13家,其中,全民所有制企业1家,乡镇办5家,村办7家,从业人员585人,年创产值282万元。

有色金属矿采选。赤峰市铜采选冶炼业历史悠久。远在2700年前,境内先民便已在今林西县大井地区开始了采矿、鼓冶活动,这里是迄今在国内发现最早的古铜矿遗址之一,有矿坑40余条,深者达102米。1978年产铜粉384吨,1980年增至562吨,1985年为470吨,1990年全市采矿能力达40余万吨,产铜精粉2059吨。铅锌资源丰富。至1990年末,已探明储量为250万吨左右,主要分布在赤峰市境内北部旗县。1981年至1990年,全市铅锌采选企业发展到10家,其中,全民所有制企业3家,集体所有制企业7家;中型企业2家,小型企业8家。年产铅精粉9722吨,锌精粉17767吨,从业人数3870余人。1990年,全市共有独生锡矿4家,均属乡镇集体企业。至1990年末,各矿共产锡精粉186.7吨,创产值203.2万元,形成固定资产191.3万元,从业人数198人。

贵金属矿。赤峰市为内蒙古自治区主要黄金产地,储量为66吨,主要分布于三大矿带区,即以红花沟为主体的云雾山成矿带,以大水清为主体的七老图成矿带和以金厂沟梁为主体的努鲁尔虎山成矿带。按地域共分为4个大金矿区,34个金矿点。主要集中于敖汉旗、松山区、喀喇沁旗、宁城县和翁牛特旗五个旗县区。其中,大型矿3处,中型矿3处,小型矿4处。1990年,红花沟矿区全矿已形成两大矿区、6个采区、8个坑口和3个选厂。全矿共设有20个科室,职工总数达1180人,其中有各类专业技术人员219人,占职工总数的18.6%。1990年,产黄金1.57万两,完成年计划的116%,创产值2348万元,实现利税1053.70万元。全矿形成固定资产原值1793万元。赤峰市白银均产于伴生矿,总储量为1255吨,分铅锌银、铜锡银、金铜银多种。1990年,全市银产量为1.6万公斤,其中林西大井银铜矿1万公斤,翁牛特旗梧桐花铅锌矿5000公斤,巴林左旗白音诺尔铅锌矿1000公斤。

稀有金属矿。1979年,克什克腾旗木希噶乡查木罕村全市第一家村办钨矿建成投产,时有职工13人,自制磨棒机,土法上马,当年产钨砂1.4吨,创产值1.19万元。1981年,国家投资9.5万元,购置设备,到1990年共生产钨砂233.32吨,产值200余万元。

3.1.3 冶炼方面

赤峰地区炼铁工业始于1958年。1969年昭乌达盟革命委员会在东郊重建赤峰钢铁厂，占地面积13.3万平方米。1970年9月高炉投产，年产生铁3500吨左右，1978年增至4050吨。至1980年，累计产生铁37596吨。后因原料不足，当年10月停产。

1970年，为解决农牧业机械修造用料急需，辽宁省机械厅投资70万元，筹建赤峰农牧业机械厂电炉炼钢车间。1972年11月试产成功，炉容量1.5吨。建炉初期以铸造大型机械钢件为主。1973年正式投产，年产钢1586吨。至1980年，共铸造钢配件4784吨。1981年因产品滞销停产，1983年转产钢锭，年产普碳钢锭1510吨。至1990年，全市产钢总量5446吨。产品除供应本市外，还销往辽宁部分地区。

炼锡。林西锡冶炼厂建于1985年，是赤峰市唯一的锡冶炼企业，占地面积5400平方米。至1990年末，共生产精锡粉198吨，焊锡22.2吨，锡基合金23.7吨，实现工业总产值474.1万元，利税65.3万元。该厂生产的1号精锡，1990年被评为内蒙古自治区优秀新产品，荣获自治区科技成果三等奖。

非金属冶炼。硅，赤峰市现有硅冶炼企业2家，始建于1986年。其中以赤峰硅冶炼厂规模为最大，年产工业硅900吨，创产值418.5万元，实现利税30万元。克什克腾旗硅冶炼厂为地方国营企业，总投资143万元，1987年10月建成投产，当年产工业硅180.7吨，创产值52.4万元，利税10.5万元。至1990年，共完成产值236.3万元。

压延加工。轧钢，赤峰钢铁厂1973年筹建轧钢车间，1974年12月投产。1974年后，经过不断技术革新和技术改造，生产工艺不断提高，产品规格品种增加。1978年精轧机改造，被内蒙古自治区评为区级科技进步奖。1990年，赤峰钢铁厂可轧制线材、小型圆钢、角钢、扁钢、螺纹钢等五个品种，12个规格，年产钢材5万吨以上。宁城县轧钢厂、红山区红庙子镇后道村轧钢厂，于1986年相继建成投产。至1990年，全市年产钢材总量51918吨。薄板，1988年红山区城郊村筹措资金，招聘技术人才，用一年时间，办起了本市第一家薄板厂，填补了赤峰地区薄板生产的空白。至1990年，全厂有职工240余人，年产0.75~2.0毫米四种规格金属薄板1200吨，创产值275万元，实现利税33.39万元，形成固定资产455万元。

3.1.4 石材、石灰研发等方面

新中国成立后，随着建筑业的发展，石材开发日趋增加，并逐渐开始由毛石、块石向磨石和人造石发展。至1990年，赤峰市用于建筑的石料有花岗岩、玄武岩、大理石、青石四种。其中，作为高级饰料的大理石储量甚为丰富。1990年末，全市天然石材和人造石材品类已达百余

种。年产大理石700立方米，大理石板材32128立方米（含乡镇企业产848平方米），花岗岩板材838立方米，玄武岩板材300多立方米，人造水磨石15000平方米。其中，宁城大理石厂和元宝山区建昌营镇办大理石厂生产的板材，出口新加坡、美国、日本等国。宁城大理石厂的产品，1984年被评为内蒙古自治区优质产品。

赤峰地区石灰石资源丰富，已探明储量约14亿吨。白灰的烧制与应用，在本地区历史悠久。1958年在赤峰郊区夏家店遗址中发现，两三千年前先民以石做基，白灰抹屋顶的建筑遗存已多处可见。辽金时期宫殿寺塔的建筑和清代庙宇建筑，白灰已成为砌砖勾缝和粉饰墙壁的唯一建筑用料，用量及其生产已形成一定规模。至1990年，除个体灰场外，全市旗县乡镇两级白灰企业已有47家，年产白灰23.87万吨，创产值2236万元。其中乡镇产量为6万吨，产值558万元。

赤峰境内非金属矿建材资源丰富，种类繁多，产品开采日趋活跃，有的已形成规模生产。现已探明有水晶石、沸石、冰洲石、硅灰石、叶蜡石、柱石、石墨、玛瑙、橄榄石、绿柱石、红柱石、白云石、辉绿岩、云母、珍珠岩等近30种。其中，用于水泥生产的主要原料石灰岩、沸石和轻质建材珍珠岩以及地区特产天然水晶材料等，均有很好的开发前景。

至1990年，全市水泥工业企业发展为34家。其中，国有企业16家，乡镇企业18家。职工总数7700人，其中专业工程技术人员105人。总设计生产能力为100.2万吨。

至1990年，全市乡镇以上国营集体水泥制品企业已发展至42家。其中，旗县属企业23家，乡镇19家。年产水泥制品13万立方米。主要产品有水泥电杆、水泥排污管、其他预制件，年创工业产值4810万元，占全市建筑工业总产值的40%。

3.1.5　中药、化学原料生产方面

1989年，赤峰制药厂年创工业产值5962万元，实现利税2647万元，创外汇642万美元，形成固定资产原值3626万元，拥有流动资金3678万元。

至1990年，赤峰中药厂创工业产值888万元，实现利税45万元，形成固定资产原值380万元。

赤峰地区中药材炮制和中成药加工历史较久，除世传散医外，早在清朝顺治初，随淑慧公主"陪房"来境的中医，便在巴林王府内开始炮制中药，坐堂治病。仅赤峰街5家药店，日伪时期年加工中成药即达2.1万公斤左右。

赤峰市基本化学原料生产，始于20世纪70年代初。至1990年，全市共有独立核算化学原料企业5家，从业人员1733人。其中，全民所有制和旗县属集体企业各2家，乡镇企业1家。主要产品有乙炔气、聚氨酯、活性炭、硅酸钠、纯碱、电石。赤峰地区有机化工产品，多是在第五个

"五年计划"和第六个"五年计划"期间发展起来的。至1990年，全市有独立核算有机化工企业37家，从业人员4090人。其中，乡镇企业20家，职工540人。主要产品产量：年产糠醛164.8吨，草酸1000吨，油漆2500吨，油墨15吨，涂料3000吨，洗涤剂161吨，合成洗涤剂297.3吨，化学溶剂300吨。

1958年，赤峰第一化肥厂筹建，年设计生产能力为800吨合成氨。因技术和能源问题，在1961年国民经济调整中停产。1970年再度上马，年设计能力3000吨，1971年建成投产。至1990年，全市实有独立核算化肥生产企业3家，从业人数1690人，年产化肥27717吨。其中，合成氨14927吨，农用化肥12790吨。年创产值达1003万元，形成固定资产总额1321万元。

3.2 生态环境污染与治理

3.2.1 环境污染状况

清代以前，赤峰市地区森林茂密，牧草茵茵。清代以来，随着人口逐年增加，乱砍滥伐、乱捕滥猎、樵采过牧等不合理的经济活动，致使生态失去平衡，加之多大风，少雨雪，雨热同期等气候因素，生态环境逐年恶化。

新中国建立后人民政府虽然重视环境建设，种树种草，治山治坡，但是由于工业"三废"和生活垃圾影响，尤其乡镇企业的发展与环境保护不能同步，环境的污染问题没有根本解决。1973、1978、1986、1990年人民政府组织职能部门，进行四次环境污染的调查和普查，基本摸清了各旗县以上城镇污染情况。1986年普查，全市共查工业企业951家，占工业企业总数的35.44%，其产值占全市工业总产值的97.03%。1990年，又摸清了全市乡镇企业的污染情况。尽管政府把环境保护作为一项基本国策，但废水、废气、废渣对环境的污染，还相当严重，特别是乡镇企业对资源和生态的破坏不容忽视。

3.2.1.1 废水污染

1986年全市工业污染源普查，工业用水总量年31285.94万吨，其中重复用水量26750.22万吨，占85.58%；年废水排放量3473.13万吨，这些废水经处理的占31.34%，其余未经处理直接排入江河或地下。

按废水排放量排列，顺序为红山区、元宝山区、宁城县、郊区、平矿、翁牛特旗、克什克腾旗、林西县、喀喇沁旗、巴林右旗、阿鲁科尔沁旗、敖汉旗、巴林左旗。按废水中污染物排列为：红山区、巴林左旗、平矿、阿鲁科尔沁旗、翁牛特旗、巴林右旗、宁城县、克什克腾旗、喀喇沁旗、郊区、林西县、敖汉旗、元宝山区。其中红山区1987年排入河流的工业废水1895.66万吨，内含污染物总量5.92万吨。1990年排放1375.25万吨，内含污染物总量4.32万吨。排污量大的是造纸、皮革、建材、煤炭、制药、化工等行业。其中赤峰制药厂、赤峰造纸厂、赤峰第二毛纺织厂排放工业废水量占总排放量60%以上，污染物排放占85%以上，是我市中心城区废水排放的重点污染源。巴林左旗、阿鲁科尔沁旗、翁牛特旗的皮革厂、皮毛厂排放的废水对小城镇河流污染也很严重。

此外，医疗废水、生活废水污染也不容忽视。1981年全市排放医疗废水54万吨，1987年为61.9万吨，1990年达69.9万吨，内含大肠菌群及其他细菌、病毒等污染物。全市城镇1990年排生活污水1159.79万吨，内含 BOD_5、COD2.03万吨及氮、磷等污染物。红山区1987年排放医疗废水3万多吨，经处理达标的仅1.3万吨。1990年排放医疗废水3.69万吨，内含 BOD_5、硫化物等25吨及大肠菌群、其他细菌。

3.2.1.2　废气污染

1986年污染普查，全市工业年耗煤120.32万吨，耗油2.7万吨。年排放废气1642557万立方米，其中燃烧废气占83.7%，工艺废气16.3%。在废气中主要含二氧化硫、氢氧化物、烟尘、粉尘等有害物质，年总量为126590吨。污染由重至轻按地区排列顺序为：元宝山区、红山区、平矿、宁城县、郊区、喀喇沁旗、翁牛特旗、阿鲁科尔沁旗、克什克腾旗、林西县、巴林左旗、敖汉旗、巴林右旗；按行业排列顺序为：电力、建材、食品、煤炭、纺织、造纸等。乡镇工业废气污染主要来自砖瓦、水泥、铸造熔炉和部分化工企业。红山区普查时有锅炉410台，工业窑炉18台，排废气中含二氧化硫3.3万吨，氮氧化物3.78万吨，烟尘4.65万吨，粉尘7.56万吨。赤峰热电厂、赤峰制药厂、赤峰第二毛纺厂、赤峰第一造纸厂、赤峰第一水泥厂、赤峰第一制酒厂等6家企业占排放废气总量的70%以上。

长期以来，千家万户取暖、做饭的燃煤废气，也造成了严重的污染，旗县城镇主要是居民燃煤污染。

3.2.1.3　固体废弃物污染

固体废弃物主要来源于工业废弃物和生活废物。20世纪70年代前各种工业和建筑垃圾乱堆乱放，是城镇一大公害。当时赤峰东郊到处是发电厂的炉渣，成"黑色"土地；赤峰制药厂的麻黄渣布满大街小巷，一些居民在马路上晾晒，做燃料。旗县城镇边缘地区堆满了建筑和生活垃圾。

1986年普查，全市工业固体废弃物年排放总量为288.38万吨，其中，煤矸石128.25万吨，锅炉渣、粉煤灰59.3万吨，尾矿68.23万吨，工业粉尘2.09万吨，工业垃圾29.85万吨。在10个行业中年产废渣在千吨以上的企业有28家，共排渣25.69万吨。年经过综合利用的固体废弃物41.47万吨，占14.38%；经处理的42.67万吨，占14.8%；其余堆存于各城镇郊区的垃圾场。

乡镇企业年排放废弃物5.86万吨，主要是废砖瓦、矸石、尾矿石、矿渣，大部分就地堆放。

全市生活固体废弃物：1981年排生活垃圾15.13万吨，粪便30.27万吨；1985年排生活垃圾19.3万吨，粪便38.59万吨；1990年排生活垃圾23.51万吨，粪便47.02万吨。红山区每年生活垃圾在10万吨以上，粪便9万吨上下。

除上述污染源外，随着交通的发展，噪声污染已开始干扰人们的宁静生活。

3.2.2 污染治理

新中国成立初期，赤峰各城镇树木稀少，风沙危害严重，赤峰、大板、经棚、乌丹几乎被流动沙丘包围，年平均扬沙日53.4天，沙暴日13.7天。在人民政府领导下，人民群众主动投入植树造林、防风固沙活动，年年栽树，大搞水土保持工程。1950年，赤峰县在城郊、元宝山、安庆沟、西老府、大庙、桥头建立国有林场，在南山建水土保持站。各旗县城镇均以绿化、美化四周的荒山沙地为重要任务，经40余年奋斗，城镇绿化取得辉煌成就。城区绿化覆盖率达30.5%，人均公共绿地3.72平方米，昔日的沙海沙带已成苍茫林海，光秃的南山已变成花果山。20世纪80年代市区大风日比50年代减少24.7天，沙暴日几乎消失，扬沙日减少42天。

旗县城镇到1990年已栽行道树27万株，城内及城郊公共绿地面积已达1027公顷，阿鲁科尔沁旗天山、巴林左旗林东、克什克腾旗经棚、敖汉旗新惠及林西镇的北山、西山都变成了公园、陵园，面积97公顷。被风沙侵蚀，沙迫人走的现象已彻底改变，各城镇均成为绿荫覆盖的草原新城，全市各城镇的绿化覆盖率已从70年代的17%上升到1990年的30%左右，人均公共绿地3平方米以上。

综合整治的另一项措施是狠抓城镇公共卫生，街道有专人清扫，全部城镇做到垃圾夜集晨清，白天不见垃圾；夏季洒水车定期洒水；全部做到垃圾粪便无害化处理；红山区推行垃圾集装箱外运，到1990年已建起4座封闭式集装箱垃圾转运站。

3.2.2.1 废水治理

1980年，环保部门召开重点污染企业负责人会议，限期治理废水污染。首批包括赤峰制药厂、赤峰造纸厂、赤峰发电厂、赤峰石油化工厂、赤峰皮革厂、平庄毛纺厂、赤峰地毯厂、盟传染病医院等。由于当时法规不健全，资金渠道不明确，治理技术不成熟，只有盟传染病院和克什克腾旗制酒厂投资14万元治理了污水、废水。1983年国务院颁布《排污收费暂行办法》，1984年全国人大颁布《中华人民共和国污染防治法》等一系列法规，使水污染治理走上法制化道路。从1984年至1986年，各企业、事业单位自筹资金750万元，环保部门返还治理补助金160万元，使59家重点污染企业得到治理。赤峰造纸厂从1984年起至1988年三次投资20万元，环保补助15万元，以气浮法、高压法治理造纸白水，治理后年回收纸浆90吨，滑石粉30吨，废水排放达到国家规定标准。赤峰皮革厂从1985年开始，先后投资64万元，环保补助35.9

万元,治理硫化钠废液和鞣革铬废水,使硫化物浓度显著下降,接近排放标准,每年还可回收红矾8吨。赤峰制药厂从1986年开始,先后投资120万元,环保补助106万元,治理麻黄素、萘普生废水,使废水排放达到国家规定标准,年可产副产物沼气126万立方米。巴林右旗肉联厂屠宰污水处理前严重污染环境,治理后蓄水养鱼,年撒鱼苗14万尾。1985、1986年市医院、市传染病院、部队二二〇医院等自筹资金36.9万元,环保补助25.7万元,以液氯、次氯酸治理医疗废水,使大肠杆菌含量低于国家规定排放标准,其他有害物也大幅度下降。

到上世纪90年代初,赤峰市水域多分布于农村牧区,无工业废水污染,而广阔草原上牲畜粪便,汇同其他有机物质经雨水冲刷,不断流入,使水体含有丰富的营养盐类和浮游生物、底栖生物,给鱼类生长繁殖提供了有利环境。水体补给除了地表径流外,还有地下泉水及河渠直接进水等的补充。

1975年,当时的昭乌达盟水产局组织技术力量,对达里诺尔、扎嘎斯台、达林台湖、红山水库等重点水域进行水质化学调查分析,除达里诺尔外,其他水库、塘坝、泡沼、池塘等均为淡水水面,含盐量在1‰左右,pH为7.5~9,呈弱碱性,有利于有机质分解和浮游生物的繁殖,适于多种鱼类生长。

3.2.2.2　废气治理

从1974年起,重点抓了锅炉的消烟除尘、建立烟尘控制区、推广型煤等措施。80年代,赤峰市工业发展很快,1984年1吨以上锅炉已发展到1068台,1987年达到1666台,1990年达到1758台。市环保部门从1981年起要求1吨以上锅炉全部改造,安装消烟除尘器,并年年派人下去,分层包干,责任到人,限期治理。到1990年,市直、红山区、郊区516台锅炉,已全部治理完毕。旗县也已改造90%。全市排废气总量每年1642557万立方米,经处理净化的1366584万立方米,净化率达83.2%。

3.2.2.3　噪声控制

赤峰地区工业、交通、建筑噪声逐渐增多,但危害尚不甚严重。环保部门采取了一些控制措施,工业噪声采取封闭、安装消音器等,建筑工地夜间不准使用振捣器等。对交通噪声主要是采取道路疏通、改善路面、加强管理等措施。

3.2.2.4　固体废弃物治理

远离城镇市区的各矿山,采矿废石多利用荒坡荒沟就地堆放,尾矿储入尾矿坝。赤峰发电厂炉渣,改变过去随地堆放,严重污染情况,1980年投资138万元在南山沙丘间建水冲排渣场,靠管道排渣,日排渣500吨,彻底解决了对城市的污染。元宝山电厂投资866万元在兴隆坡村西建起2100亩的分格储灰、护坡水覆的排灰场,以5条37500米管路水冲排灰,避免了对城区的污染。

积极推行废弃物综合利用,是治理的另一重要途径。到1990年底,仅平矿系统已建起11个利用煤矸石的砖瓦厂。巴林右旗、元宝山区、喀喇沁旗、宁城县、阿鲁科尔沁旗均在利用煤矸石烧砖瓦。1985年统计,全市年利用煤矸石61.3万吨,生产砖17426万块,矸石瓦951万片,而且产品逐年更新换代,从砖瓦到瓷砖等制品,年产值710多万元。宁城糖厂年处理废丝7.2万吨,生产颗粒粕饲料4500吨,产值152万元,全部销往日本。赤峰糖厂1986年投资689万元,建日处理甜菜废丝60吨的颗粒粕车间,产品也销往日本。赤峰制药厂每年利用废麻黄渣近万吨(占废渣产量的71%)生产纤维板,年产值4.9万元;用抗生素废渣473吨生产兽药,产值14.69万元。据不完全统计,全市固体废弃物综合利用每年可增加2000多万元的收入。

3.3 林业生态建设

据《赤峰市志》记载,赤峰市古称平地松林,草深林密,正如宋欧阳修出使契丹时诗作中写的:"山深闻唤鹿,林黑自生风。"只是在17世纪以后,由于草原放垦,人口渐多,毁林开荒,乱砍滥伐等不合理的经济活动,使不少山峦变成光山秃岭,只在边远山区残存三片天然次生林。新中国建立后人民政府特别重视大地绿化、四旁绿化、农田林网化。经过40年的奋斗,到1990年森林面积已达2616.4万亩,森林覆盖率为19.4%,已高于全国和内蒙古自治区的平均水平;人均有林6.4亩,基本形成农田林网、防风固沙林、水土保持林相结合的防护林体系,涌现出众多绿化典型,联合国粮农组织数次组织各国专家到赤峰参观考察。

防护林包括防风固沙林、农田防护林、牧场防护林、水土保持林等,都是新中国成立后营造的。1949—1952年共造林59.5万亩,90%是农田防护林和防风固沙林。1950年赤峰县当铺地村的3400亩沙荒薄地被星罗棋布的大小沙丘分割成600多块,粮食亩产20多公斤。由于营造防风固沙林3500亩,覆被率达36%,控制风沙危害,80年代粮食亩产达400多公斤,年产木材近1000立方米。从60年代起每年林业收入10万元以上,实现林茂粮丰,由穷变富。1954年赤峰城郊林场建立时城区三面环沙,年均156个风沙日,流动沙丘每年南移8~15米。为战胜风沙,林场采取"前挡后拉,四面围攻""先草后林,林草结合""人工沙障"等措施,4年时间锁住沙龙,使城区由三面环沙变成三面绿林。7.4万亩沙丘变成林业基地,活立木蓄积量6万立方米,覆被率28.6%。1964年6月,朱德、董必武来赤峰视察,为林场写下"黄沙万里今何在,一片青纱映碧空"和"赤峰面貌初更变,万象欣欣日向荣"的佳句。1981年夏,联合国粮农组织沙漠化讲习班11个国家的学员参观城郊林场,对其造林治沙、改善生态环境给予肯定和赞赏。进入60年代人民公社化之后,出现打破村屯地界,实行山水田林路统一规划,建设农田林网的新时期。1964年起,赤峰县太平地公社农田防护林统一规划。1965年春起造防护林带36条,此后使全公社林地发展到3.3万亩，覆被率29.1%，其中农田防护林带176条，长235公里，构成230个网眼，防护农田4.2万亩。1973年太平地公社被评为全国林业先进单位，先后接待过37个国家的专家来实地考察。到1975年全市农田牧场防护林面积84.75万亩。巴林右旗短角牛场在48万亩草场上营造带、网、片结合的牧场防护林，覆被率16.8%，使沙化了的草场鲜草亩产增加21.6%。巴林右旗的白音他拉苏木，翁牛特旗的新苏莫苏木等先后建起草、林、水、机四配套的基本草场35万亩，亩产草量增加3倍。翁牛特旗新苏莫草原站在2.5万亩草场上营造主、副带8条，构成9个网格，亩产干草170公斤。

在南部丘陵山区，也从70年代起开始大面积营造水土保持林，后来发展成小流域综合治理。宁城县西泉乡大兴村为石质山区，由于兴建水土保持林，覆被率达40%，减少地表径流和土壤冲刷量的85%，基本做到水不下山，土不出川。郊区城子乡地处黄土丘陵，沟壑纵横，多年坚持造林10.4万亩，林草覆被率达51%，建成防御风沙，保持水土的防护林综合体系。他们按照先治上后治下，先治坡后治沟的顺序，共挖水平沟117.5万条，鱼鳞坑140万个，植树700万株。在山梁上营造小网宽带，针阔混交，乔灌草结合的横山林带151条，长99公里，顺山林带86条，长61公里，构成438个草田网格，做到有坑就有树，有树就有草。在治山同时对平川2万亩耕地造农田防护林带102条，构成117个网眼，实现林网化。还有郊区姜家营子乡、喀喇沁旗狮子沟等小流域治理工程，都是全市不同类型营造防护林的样板。

1978年被誉为"绿色万里长城"的"三北"防护林工程建设开始后，全市防护林建设进入新时期，在治理措施上，打破旗县乡镇（苏木）行政界限，按山脉、水系进行统一规划，实行多林种、多树种结合，造、管、封并举，国营、集体、个体一齐上。幸福河牧场防风固沙护岸林作为重点项目，是一项林牧水结合，带网片结合，多树种，多功能的牧区造林典范。同时，也是内蒙古自治区最大最长的防护林带之一，又是"三北"工程中第一个履行审批手续，按设计施工经验收合格的工程项目。在88.4公里长的幸福河两岸配置宽100米的林带。1983年开工，1985年竣工，完成造林2.74万亩，成活率90%。幸福河两岸237公里长的网围栏内，又新造人工林，既有杨、柳乔木，又有紫穗槐、沙棘等灌木，带网片结合，构成一道绿色生态屏障，保护提高幸福河水利工程效益，减轻西辽河下游风沙水患，为发展牧区造林，加速"三北"二期工程建设开创了先河。敖汉旗在"三北"防护林建设中，每年造林30万亩，成活率90%以上，多次受到"三北"局和国家林业部的表奖。1978—1980年全市营造防护林96.4万亩，年均32万亩。1981—1985年共造防护林348.1万亩，年均69.6万亩，1985年比1980年防护林面积增长218.1%，年均增长26%。1986—1990年共造防护林208.2万亩，年均41.6万亩。1990年全市防护林面积1544万亩，占有林地的59%。其中农田防护林51.33万亩，保护农田567万亩；草牧场防护林64.7万亩，保护草牧场156.5万亩；防风固沙林400.72万亩，防止风沙危害面积670万亩；水土保持林

1027.25万亩,控制水土流失面积1352.6万亩。郊区、宁城县、红山区、敖汉旗、林西县实现了平原绿化,元宝山区、喀喇沁旗、翁牛特旗、林西县、敖汉旗实现农田林网化。另外,全市还有护路林4.3万亩,绿化公路2400公里,绿化铁路385公里。

3.3.1 "三北"防护林建设

1977年,国家林业部制定了我国"三北"地区(西北、华北、东北)建设防护林工程体系的规划,赤峰市被列为"三北"建设重点地区。1978—1985年建设第一期工程,以西拉木伦河、老哈河沿岸沙地为造林重点地带。经过规划设计,成立西拉木伦河治沙造林总场,将其沿岸的12个国有林场、治沙站划归总场统一领导,还在巴林右旗建机械造林站1处。在造林指导思想、生产布局、林种树种结构、管理等方面做了一系列调整。主要是由过去以国营、集体造林为主转变为个体为主,个体、集体、国家一齐上。由过去以乔木为主转变为以灌木为主,乔灌草结合,林草结合,针阔结合;由过去以造林为主转变为封、造、管结合,扭转重造轻管的倾向;由单一型林业建设转变为综合型建设,在平原基本绿化的同时,重点转移到治沙造林和山区小流域治理,把"三北"防护林营造成防风固沙,水土保持,经济林、薪炭林组成的多林种、多树种、多功能、多效益的带片网结合的防护林体系。8年年均造林179.8万亩,其中个体造林占43.6%,集体造林占38.7%,国营造林占17.7%。

1984年10月,由国家林业部"三北"防护林建设局组织生态、林业、治沙、水土保持等方面的专家,对赤峰郊区、敖汉旗、红山区、翁牛特旗进行实地考核。1985年6月,全市抽调200名工程技术人员对一期工程进行全面检查验收,全市一期工程完成情况是:内蒙古自治区下达造林任务为716万亩(保存面积),全市实际造林1184.9万亩,其中个体完成516.1万亩,集体完成458.3万亩,国营完成210.5万亩,保存面积586.4万亩,存活率49.5%,完成总任务的81.9%。按林种划分:防护林263.9万亩,占45%;用材林248.3万亩,占42.4%;经济林51.1万亩,占8.7%;薪炭林22.5万亩,占3.8%;其他林0.5万亩,占0.1%。"三北"防护林一期工程总投资6895.63万元,除国家的专项投资外,地方财政和集体、个体自筹资金2769.18万元,占总投资的24.54%。

1986年进入"三北"二期建设工程。1986—1990年要求造林保存面积239.4万亩,实际完成240.4万亩,保存率93.1%。除了完成郊区、元宝山区、宁城县、喀喇沁旗共135.6万亩的造林任务外,还投入下列5个重点工程建设:敖汉旗中北部水土保持林工程,建设任务35万亩;翁牛特旗老哈河北岸防风固沙林工程,建设任务8.8万亩;西拉木伦河北岸防风固沙林工程,建设任务43.4万亩,其中阿鲁科尔沁旗12.4万亩,巴林左旗6万亩,巴林右旗8.6万亩,林西县16.4万亩;翁牛特旗西部水土保持林工程,建设任务11.1万亩;克什克腾旗沙棘基地建设工程,建设任务5.5万亩。

"三北"二期工程改变了工程投资和管理办法,实行按工程项目投资和管理,提高了考核验收标准,由过去成活率40%以上视为合格改变为乔木成活率85%以上,灌木成活率70%以上为合格面积。因此,重点抓了造林质量,在造林技术上推广了敖汉旗机械开沟抗旱造林系列技术,提高成活率15%~20%,自1987年列入适用技术推广计划,每年推广30万亩以上。1988—1989年内蒙古林业局对全市二期工程造林抽样检查,造林面积核实率96.3%,合格率为78%,受到表彰。在造林结构上,兼顾生态效益和社会效益的同时,突出抓经济效益,即继续坚持以防护林建设为主的基础上,适当压缩一般用材林的比重,加速杨树速生丰产林和二杏一果(山杏、大扁杏、果树)的经济林建设,推行林粮、林草、林药(材)间作,实行立体种植的混作林业。

表3-1　1978—1985年赤峰市"三北"一期工程造林面积表

单位: 万亩

项目	要求造林保存面积	实际完成			保存面积占下达任务的比例(%)
		实造面积	保存面积	保存率(%)	
合计	716	1184.9	586.4	49.5	81.9
阿鲁科尔沁旗	51	78.4	31.3	39.9	61.4
巴林左旗	55	78.4	16.4	20.9	29.8
巴林右旗	37	63.1	28.4	45.0	76.8
林西县	45	70.7	27.1	38.2	60.0
克什克腾旗	57	90.4	45.2	50.0	79.3
翁牛特旗	104	210.4	108.1	51.4	103.9
郊区	103	167.8	120.1	71.6	116.6
红山区	5	5.1	3.5	68.6	70.0
元宝山区		19.2	9.2	47.9	
喀喇沁旗	53	68.0	41.4	60.9	78.1
宁城县	70	84.6	39.9	47.2	57.0
敖汉旗	136	248.8	115.9	46.6	85.2

3.3.2　用材林建设

1949年以前赤峰市年产木材不足百立方米,木材奇缺。1950—1974年在群众植树造林的同时,积极创办国有林场,建设国有后备用材林基地。在三大次生林区的8处森林经营所改建25个经营林场,在保护经营好原有次生林的同时,开展迹地更新造林,改造低产林,营造油松、落叶松等针叶用材林。在非林区建立造林林场19处,营造杨树为主的用材林。鸭鸡山林场、白城子林场、三义林场等一批机械化造林林场起到主导作用。鸭鸡山林场于1958年建场,到1977年共造林100万亩。当时国营和集体造林存在重造轻管,重数量轻质量以及树种单一的倾向,出现了大面积杨树"小老树"。到1975年,全市累计新造用材林382.4万亩,林木总蓄积量140余万立方米,其中国营210.5万亩,集体161.9万亩,个体10万亩。早期林地郁闭成材,年产小径级民用材2万多立方米。南部旺业甸、黑里河林场的木材产量中,针叶树木材占30%。1975年阿鲁科尔沁旗、翁牛特旗、敖汉旗开始营造杨树速生丰产林。1978—1980年全市营造用材林178.9万亩,年均59.6万;1981—1985年共营造用材林298.3万亩,年均59.7万亩。1982年以杨树为主的速生丰产用材林在全市范围推广。1982—1985年全市9个旗县共完成杨树速生丰产林12.7万亩,其中国营43667亩,集体营造83743亩,是前7年营造面积的16倍。全市统一技术规程,以《昭乌达盟杨树速生丰产林造林技术规程》为教材,共培训造林技术员200余人,林科所也作为科研课题当好参谋,市林学会成立了杨树委员会,基本形成杨树速生丰产林的科研、生产、信息、服务体系。1985年8月,内蒙古自治区杨树速生丰产林现场交流会在赤峰召开,参观了郊区、红山区、元宝山区、喀喇沁旗、敖汉旗的乡镇和国有林场的速生林,给予肯定和好评。此后全市在300多个杨树无性系中筛选出适栽品种8个,确定赤峰杨34、昭林6号、昭盟小黑杨、健杨、加拿大杨、晚花杨-272、莱比锡杨、北京杨0567为推广良种。

1986—1990年全市营造用材林98万亩,年均19.6万亩。到1990年全市用材林总面积1132.1万亩,林木总蓄积量1623.9万立方米,其中针叶用材林247万亩,杨树速生丰产林24.45万亩,年产木材10万立方米,除满足市内木材需要外,还销往外地。

表3-2　1981—1990年赤峰市杨树速生丰产林营造数量表

单位:亩

项目	累计	1981年及以前	1982	1983	1984	1985	1986	1987	1988	1989	1990
合计	244474	7562	28725	29399	39786	29500	30082	26158	17906	16312	19044
国营	87691	5682	12078	10176	12513	8900	8102	7074	5446	8341	9377
集体	156783	1880	16647	19223	27273	20600	21980	19084	12460	7971	9665

3.3.3 经济林建设

赤峰市天然经济林有山杏、柞树、文冠果、沙棘等。1980年以前,除文冠果一度推广外,其他树种不论面积或产量都呈下降趋势。

山杏。从20世纪80年代起,随着农村牧区经济体制改革和市场经济的发展,把发展经济林作为扶贫致富的途径重视起来。山杏分布广,面积大,1966年以前全盟有山杏林400万亩,年产杏核600万公斤,作为副业经营,但价格偏低,有些杏林缺乏保护,甚至被砍柴、开荒或改造成用材林地。到1975年全盟有山杏林225.4万亩,减少43.7%;年产杏核250万公斤,产量下降58.4%。1985年以后,杏仁食品(饮料)开发使价格上涨,对天然山杏林加以保护的同时,每年新栽山杏林20万亩。到1990年,全市山杏林面积恢复到358.2万亩,年产杏核500万公斤以上,并建立起以山杏、大扁杏为主的山杏林基地旗县4个。

柞树。除木质好,可供建筑和制家具用外,果实可做精饲料,树叶可养柞蚕,年利用面积
1.5万亩。

沙棘。全市有天然沙棘3万余亩,分布在克什克腾旗和西拉木伦河沿岸,多作护岸或围栏
用,栽植量不多。进入80年代沙棘产品开发成功后,郊区、翁牛特旗、克什克腾旗、林西县被内
蒙古自治区列为沙棘生产基地旗县区,每年营造沙棘林5万亩,到1990年全市累计有沙棘林30
万亩,结实面积4.24万亩,年产沙棘种子3.5万公斤。

文冠果。巴林左旗等地有野生文冠果,历史上阿鲁科尔沁旗、翁牛特旗等地的寺庙零星
种植,喇嘛用其果熬油点灯或供食用。60年代初,作为我国北方唯一的木本油料树种,引起重
视。1963年翁牛特旗建立文冠果经济林场,开展育苗造林。1968年阿鲁科尔沁旗昆都林场改
变为文冠果经济林场。到1975年全市文冠果林面积8.5万亩,其中翁牛特旗6.4万亩,年产果实5
万~6万公斤。70年代末因其产量低,效益差,再没有大的发展。1990年全市有文冠果林5万亩,
生产果实5万公斤。

1990年全市经济林面积为271.6万亩,占有林面积的14.3%,其中人工营造的经济林为10.8
万亩。

3.3.4　薪炭林建设

20世纪70年代赤峰市开始营造薪炭林,先是把生长较差的林地开辟为薪炭林经营,主要
是榆树、小叶杨和灌木林。1975年全市薪炭林面积3.4万亩。1985年全市薪炭林10.3万亩,蓄积
量1.57万立方米。1986年翁牛特旗被列入薪炭林营造试验基地,在梧桐花、庄头营子、解放营
子三个乡进行造林试验,按不同地区,采用不同树种和密度进行造林试验,到1990年第一阶
段造林试验基本结束。1990年全市薪炭林面积46.1万亩,蓄积量6.55万立方米。其中榆树面积
占26.5%,杨树占35.2%,杂木占27.6%,柳树占10.7%。蓄积量榆树占10.7%,杨树占38.5%,杂木
占7.9%,柳树占42.9%。

第4章 新时期低碳经济与生态文明建设实践

2005年以来，赤峰市坚持实施生态立市、工业强市、科教兴市发展战略，加快推进工业化、农牧业产业化、城镇化进程，提出了地区生产总值过千亿、地方财政总收入过百亿、建设百万人口区域性中心城市等奋斗目标。2010年底，全市生产总值完成1080亿元，比上一年增长15%，地方财政总收入达到100.5亿元，比上一年增长22.2%，分别比"十五"期末增长86%和78%。五年累计完成固定资产投资2758亿元，是"十五"时期的4.6倍。其中2010年全社会固定资产投资848.7亿元，增长29.6%；社会消费品零售总额336.7亿元，增长19.4%；城镇居民人均可支配收入14108元，增长11.4%；农牧民人均纯收入5010元，增长11.3%。三次产业结构为16.4：51.1：32.5，明显工业占据主导地位，第三产业仅占32.5%，相比发达国家的60%相对薄弱。人均GDP按当年底的汇率折算达到3770美元，依据H·钱纳里和西蒙·库兹涅茨模型，赤峰市处于工业化中期阶段。此阶段经济结构调整最频繁，工业内部结构变化最剧烈，经济的加速增长主要依赖于重化工业增长的带动，在生产的诸要素中，资本和技术进步是此阶段推动经济增长的主要力量，并将长期处于工业化发展阶段，同时资源、能源消耗强劲，生态环境压力加大。

表4-1 H·钱纳里人均经济总量与经济发展阶段划分

单位：美元

农业经济	工业经济			发达经济	
初级产品生产阶段	初级阶段	中级阶段	高级阶段	工业现代化	高级阶段
530~1200	1200~2400	2400~4800	4800~9000	9000~16600	16600~25000

表4-2 西蒙·库兹涅茨模型

产业比重	工业化初期	工业化中期	工业化后期
第一产业	高于20%	降到20%以下	10%以下
第二产业		高于第三产业	上升到最高水平后相对稳定或下降
第三产业			处于上升阶段

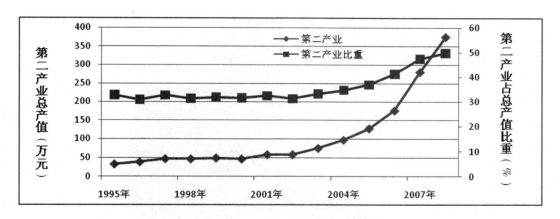

图4-1　第二产业比重变化图

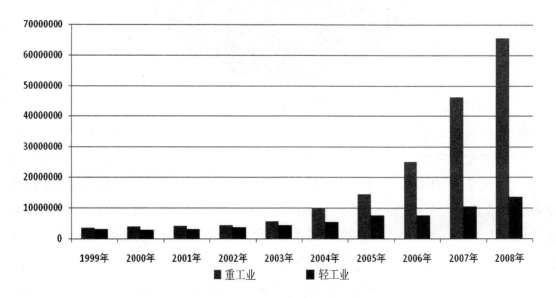

图4-2　轻重工业历年产值变化图

"十一五"以来,综合经济实力大幅提升。地区生产总值迈上千亿元台阶,地方财政总收入突破百亿元大关。三次产业结构由2005年的26.5∶36.8∶36.7演进为16.4∶51.1∶32.5,实现了由农牧业主导向工业化引领的重大转变。农牧业综合生产能力稳步提升,已具备年产35亿公斤粮食、45万吨肉类生产能力;新增设施农业50万亩,总面积达到66万亩;牧业年度家畜存栏稳定在1700万头只左右,连续五年保持全区第一。工业经济快速发展,年均增速达到26%,有色、能源、食品产业继续壮大,化工产业实现突破,机械制造业发展势头强劲;有色金属日采选、年冶炼能力分别由1.7万吨和17万吨提高到10.1万吨和64万吨,电力装机由166万千瓦增加到613万千瓦;大唐克什克腾旗煤制天然气、国电元宝山煤制尿素等一批重大化工项目落地实施。

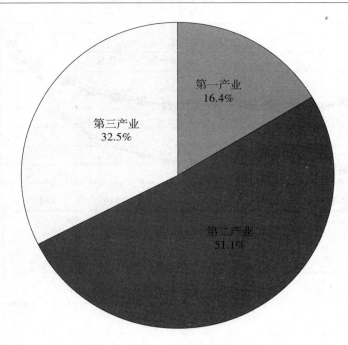

图4-3　2010年赤峰三次产业结构

虽然近年来赤峰市经济社会发展步伐明显加快,但总体上仍处于由传统农牧业主导型向工业主导型转变的阶段,欠发达的基本市情没有根本改变。2010年,全市人均生产总值24892元,仅为全区平均水平的52%、全国平均水平的84%;人均财政收入2316元,仅为全区平均水平的32%、全国平均水平的38%。工业化、城镇化水平不高,基础设施、社会事业欠账较多,主要民生指标与全国、全区平均水平还有不小差距。二产、三产发展比例不协调,二产发展速度快,重工业化趋势明显,三产比重偏低,内需不足。

由于我市市域较广,农村牧区人口比重大,生态环境脆弱,生产力布局分散。全市97.6%的国土面积是农村牧区,近57%的人口是农牧民,2010年全市城镇化率为43.2%,比全国低3.8个百分点,比全区低11.8个百分点,即使"十二五"期末城镇化率达到50%,仍有230多万农牧民,距达到国际通行的城镇化率70%以上的成熟期,差距还很大。要达到国内外城镇化水平还需要加快推进城镇化进程,如何协调解决发展与环境保护的问题面临新的考验。此外,全市农牧业基础薄弱,生产条件较差,技术装备水平不高,产业化、组织化程度较低,靠天吃饭的现象仍很普遍;农村牧区基础设施较差,社会事业发展相对滞后,农牧民生活水平需进一步提高。

4.1 赤峰市产业发展现状

赤峰目前已初步形成了以肉、乳、菜、草为主的农牧业产业化发展格局和以矿业、能源、医药、食品为主的工业经济体系,以及以商贸流通、交通物流、零售餐饮等为主的服务业发展格局。

现代农牧业和设施农业取得了迅速的发展,优质高产高效农作物比重和家畜改良率分别达到70%和97%,农区畜牧业比重提高到74%,农畜产品加工转化率达到65%,农牧业产业化水平不断提高,综合生产能力得到了提高,经济效益得到提升。

工业产业格局初步形成了以能源、冶金、食品、医药、纺织等行业为支柱的门类较为齐全、具有地方特色的工业体系,产业结构进一步改善,冶金、采矿和电力行业实现工业产值709亿元,对规模以上工业的贡献率达72.36%,形成了以冶金业、采矿业为主体的产业结构,电力产业、食品工业和装备制造业形成一定规模,具备发展壮大的产业基础。

服务业方面,物流产业充分发挥地域优势,交易数额逐年增加;商贸行业加大整合力度,带动消费能力稳步提升;旅游业软硬件条件进一步改善,内容不断充实;金融业活力增强,支持地方经济发展作用加大。

赤峰市未来将建成为我国重要的绿色农畜产品生产加工基地、连接东北和华北地区的能源供给基地,国内重要的有色金属原料及精深加工基地,采矿业、金属冶炼、电力供应和食品加工业在国民经济中的比重将进一步增加。

从产业类型看,2005—2008年赤峰市工业行业类型中劳动密集型工业行业所占比重低,并呈下降趋势,资金密集型工业行业所占比例不断上升。到2008年劳动密集型工业行业仅占24%,工业化对城镇化带动作用弱。存在产值结构工业化超前与就业结构非农化滞后的较大偏差。快速的工业化并没有带来城镇化质量的提升,第三产业在国民经济中的比重还有相当大的提升,只有实现就业结构的非农化才能带动人口向城市的迁移和集中,实现经济结构的调整。

表4-3　赤峰市各工业行业总产值

单位:万元

行　业	2005年	2006年	2007年	2008年	2009年
劳动密集-低技术型行业	1418728	2010858	3081700	3588051	3827768
资金密集-高技术型行业	4368107	9704901	20653204	30921627	37442854
劳动密集-高技术型行业	2341762	3603531	4712071	6205498	7542491

通过对各行业的环境压力分析,目前赤峰市高环境压力工业行业所占比重高,尤其是采矿业、金属冶炼业和电力供应业合计高达70%以上,环境治理压力大。

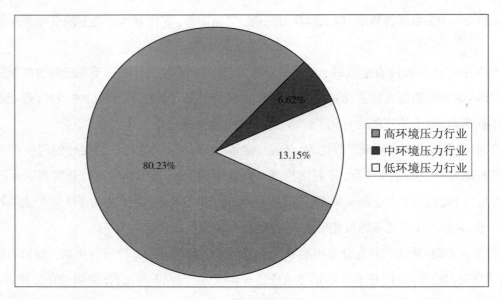

图4-4 2008年赤峰市不同环境压力行业比重

4.2 赤峰市能源收与支

4.2.1 能源条件

　　赤峰市成矿地质优越, 矿产资源丰富。目前已发现矿产地1200余处, 大型矿床6处, 中型矿床25处, 矿产70余种, 其中有色金属资源在内蒙古自治区、在全国都属于比较富集的地区, 是内蒙古 "大兴安岭南麓金属矿产品综合开发利用工业基地" 的核心区和中国的有色金属之乡。此外, 煤炭资源丰富, 煤炭资源储量达311942万吨, 石油2.8亿吨, 风能资源也较为丰富, 粗略估算风能资源装机规模可达 900万千瓦以上。同时背靠锡林郭勒等煤炭资源富集地区, 能源化工产业具有良好的发展基础, 随着我国整体进入重化工时代, 能源产业有着良好的发展前景。目前东北三省煤炭保有储量仅占全国的0.5%左右, 而能耗已经占全国的10%以上, 随着东北振兴战略的推进, 能源供给的瓶颈效应将进一步凸显, 赤峰市依托在东北电网中的重要结点地位和良好的交通区位, 有着大型能源基地的优势条件。当前煤化工及相关产业已经成为重化工业延伸产业链条、提升产业附加值的重要手段, 同周边地区相比, 赤峰市发展煤化工在水资源、技术储备和交通条件等方面具有较为突出的优势, 随着国电元宝山煤制尿素、巴林右旗煤制烯烃、克什克腾旗煤制天然气等一系列重大项目的落实, 赤峰市能源化工产业步入发展的快车道。

4.2.2 能源消费现状与趋势

2009年赤峰市综合能源消费量6173817吨标准煤,单位工业产值能耗0.63吨标准煤/万元。2010年赤峰市综合能源消费量6101963吨标准煤,单位工业产值能耗0.65吨标准煤/万元,单位工业产值综合能耗有增加趋势。

从赤峰地区能源消费情况看(见表4-4),赤峰市的能源消费仍以原煤燃烧为主体,占全部能源消费总额度的90%以上,其他能源消费量极低,能源消费结构尚处于较低的层次,这与赤峰地区经济不发达,未能形成完整的产业链条有关。

表4-4　赤峰市2006—2010年各类别能源消费量

年度	原煤 (吨)	焦炭 (吨)	汽油 (吨)	煤油 (吨)	柴油 (吨)	热力 (10^6千焦)	电力 (10^4千瓦时)
2006	11175575	76714	9527		17908	1486904	290468
2007	12041961	126248	7077		24973	1321306	368260
2008	14275894	101169	16103		40471	1108889	497805
2009	15540428	113209	33525	407	70276	2084688	571770
2010	15315067	1120847	27369		68068	2041203	644136

注:统计年鉴2010年部分行业原煤和焦炭与2006—2009年相比差别较大,数据可信度较低。

从工业企业分行业产值综合能耗看(见表4-5),很明显,在能耗比例方面,以"电力、热力的生产和供应业"能源消耗占绝对多数,达到全市能源消费总量的50%以上。由于赤峰市经济不发达,大部分能源用于发电和发热。

表4-5　2009年和2010年赤峰市综合能耗较高工业行业一览表

行业	2009年		2010年	
	行业占综合能源 消费比例(%)	产值能耗 (吨标煤/万元)	行业占综合能源消 费比例(%)	产值能耗 (吨标煤/万元)
煤炭开采和洗选业	2.92	0.27	2.92	0.28
黑色金属矿采选业	1.44	0.16	1.24	0.18
有色金属矿采选业	2.39	0.13	2.63	0.13
农副食品加工业	1.65	0.12	1.32	0.10
化学原料及化学制品制造	1.72	0.53	1.50	0.47
医药制造业	1.68	0.62	1.73	0.62
非金属矿物制品业	9.10	1.70	8.86	1.66
黑色金属冶炼及压延	19.12	1.51	19.35	1.51
有色金属冶炼及压延	5.64	0.13	5.54	0.14
电力、热力的生产和供应	51.51	2.62	52.11	2.61

从地区单位生产总值能耗与全国及自治区平均水平相比看(见表4-6),单位能耗虽略低

于全区平均水平，但远高于全国平均水平，节能空间巨大。近年赤峰市节能工作取得了一定的成效，单位能耗水平由2005年的高于全国0.793吨标准煤/万元下降到2010年的高于全国0.773吨标准煤/万元。但就总体来说，节能、低碳仍将是赤峰未来发展的主体。

表4-6　赤峰市单位地区生产总值能耗与全国和全区对比表

	2005年			2010年		
	GDP（亿元）	总能耗（万吨标准煤）	单位能耗（吨标准煤/万元）	GDP（亿元）	总能耗（万吨标准煤）	单位能耗（吨标准煤/万元）
全国	183618.5	235997	1.285	403260.0	324939	0.806
全区	3905.03	10788.37	2.763	11672.00	18882.66	1.618
赤峰	348.57	724.33	2.078	1086.23	1715.16	1.579

此外，居民能源消费种类单一。农村普遍以秸秆、煤炭为主，城镇燃气主要以液化石油气为主。长期以来，液化石油气都是赤峰城市燃气的唯一气源，供气对象以居民用户和商业用户为主，总体利用规模较小，同时存在用气成本高、使用不方便等问题。液化石油气供应以瓶装为主，管道燃气覆盖率较低，仅中心城区使用少量的管道天然气，气化率不足20%，成为城市现代化建设和居民生活品质进一步提高的制约因素。

4.2.3　能源结构情况

赤峰市作为重要的资源型地区，也是煤炭资源输出、电力资源输出型地区。2007年赤峰煤炭生产量达到近2500万吨，全社会用电量仅为68亿千瓦时，属于"大电源，小负荷"的外送型电网。随着市域工业化进程的深入和东北电力需求的不断增长，未来赤峰市能源产业还将进一步扩展。传统能源产业虽然带来了短期的经济效益，也造成了明显的资源消耗和环境影响。大气环境质量监测显示，赤峰城区大气污染以煤烟污染为主，冬季有50%以上的时间空气质量为三级或三级以上。而从节能减排与应对气候变化来看，未来能源产业的可持续化转型势在必行。作为国家重要的风能资源基地，赤峰市域已经探明能达到二级以上风场的面积就达1万平方公里，粗略估算风能资源装机规模可达900万千瓦以上。但当前赤峰风电与火电装机容量比仅为1∶5，赤峰优势的风力资源还需要进一步统一规划、加大开发力度和步伐。

赤峰市所在的蒙东地区是我国煤炭资源重要产地之一，丰富的煤炭资源成为赤峰市发展煤化工、电力等产业的重要优势。

4.3　赤峰市生态文明建设的绿色基础

通过推进京津风沙源治理、"三北"防护林建设、低产低效林改造、水源涵养林建设等重点生态工程,生态环境实现了整体遏制、局部好转。生态保护与建设力度加大,五年投入资金48.4亿元,完成营造林面积993万亩。2010年完成营造林面积302万亩,新增绿化面积16.5万亩,全市森林面积达到288.844万公顷,森林蓄积量达到5896万立方米,森林覆盖率达到34.09%,比2005年提高3.26个百分点,草原总面积573.33万公顷,可利用面积486.66万公顷,草原植被盖度达到40.4%。全市水土流失和风蚀沙化土地治理率达到35%,成立自然保护区29个,占全市总面积的16.36%。仅"十一五"期间就取缔"十五小"和"新五小"企业72家,关停违法企业38家,限期治理企业53家,取缔1吨以下锅炉87台,全市环境质量得到明显改善,2009年和2010年好于国家Ⅱ级标准的天数达到330天。

生态脆弱的局面尚未根本改变,部分地区生态环境仍在退化。特别是随着工业化、城镇化进程加快,城市框架逐渐拉大,客观降低了草地和林地比重,发展与保护的矛盾更加突出。加之赤峰市处于东北与华北地区结合部,三面被山环绕,海拔高出京津地区500米,并处于京津上风向,温带干旱大陆性季风气候,十年九旱,多风沙,近年固化沙地持续增长、境内邻近的浑善达克和科尔沁沙地有相连趋向、土壤沙化趋势严重、水资源短缺等问题严重影响区域环境质量的改善。全市12个旗县区全部位于沙漠化区,2009年全市荒漠化面积5471.67万亩,沙漠化土地面积2872.47万亩,两者合计(剔除重叠部分)面积6406.5万亩,占全市总面积的49.5%,退化沙化草地超过草地总面积的80%。在注重经济发展的同时,强化生态环境建设,实施"生态立市"已成为赤峰当前发展的紧迫课题。

下面通过当前流行的Wackernagel生态足迹模型,分析赤峰市自然资源承载能力。

4.3.1　生态足迹需求量计算

生态足迹的计算是基于以下两个事实:一个是人类可以确定自身消费的绝大多数资源及其所产生的废弃物量,二是这些资源和废弃物量能够转换成相应的生物生产面积。因此,任何已知人口的生态足迹是生产这些人口所消耗的所有资源和吸纳这些人口所产生的所有废弃物所需要的生物生产总面积(包括陆地和水域),其计算公式是:

$$EF = nef = n\sum(aa_i) = n\sum(C_i / P_i)$$

式中,i为消费商品和投入的类型,P_i为i种消费商品的全球平均生产能力,C_i为i种商品的人均消费量,aa_i为人均i种交易商品折算的生物生产面积,n为人口数,ef为人均生态足迹,EF为总的生态足迹。

4.3.2　生态足迹供给量计算

在生态承载力或生物承载力的计算中,由于不同国家或地区的资源禀赋不同,不仅单位面积不同类型土地的生态生产能力差异很大，而且单位面积相同类型生物生产面积的生态生产力也差异很大。根据生产力大小的差异，地球表面生物生产性土地可分为六大类：化石能源用地、耕地、牧草地、林地、建筑用地和水域。不同国家或地区的某类生物生产面积所代表的局地产量与世界平均产量的差异可以用"产量因子"表示。某个国家或地区某类土地的产量因子是其平均生产力与世界同类土地的平均生产力的比率。计算公式如下：

$$EF = Nec = N(a_j \times r_j \times y_j) \qquad (j=1, 2, 3, \cdots)$$

式中，ec 为人均生态承载力，a_j 为人均生物生产面积，r_j 为均衡因子，y_j 为产量因子，N 为人口数。

4.3.3 生态足迹计算

生物类资源包括：农产品、经济作物、其他作物、水果、动物产品、水产品、林产品，以及化石能源用地。能源消费部分根据资料计算原煤、电力、汽油、柴油和燃料油5种能源的足迹，计算时采用世界上单位化石燃料生产土地面积的平均发热量为标准，并留出12%生物生产性土地面积和生物多样性保护面积。计算结果见表4-7至表4-11。

表4-7 2006年赤峰市生态足迹计算结果

生态足迹用地类型	需求面积	均衡因子	均衡面积	生态承载用地类型	供给面积	均衡因子	产量因子	调整面积
化石能源用地	1.146	1.1	1.26	CO_2吸收地	0			0
耕地	0.06	2.8	0.17	耕地	19203.13	2.8	1.5	1.767
牧草地	0.15	0.5	0.074	牧草地	35150.26	0.5	0.2	0.077
林地	0.004	1.1	0.004	林地	24424.26	1.1	1.05	0.618
建筑用地	0.01	2.8	0.029	建筑用地	2363.46	2.8	2.8	0.406
水域	0.09	0.2	0.018	水域	3276.74	0.2	1.4	0.02
				总供给面积				2.89
				生物多样性保护	0.12		0.347	
人均生态足迹			1.552	生态承载力				2.541

表4-8 2007年赤峰市生态足迹计算结果

生态足迹用地类型	需求面积	均衡因子	均衡面积	生态承载用地类型	供给面积	均衡因子	产量因子	调整面积
化石能源用地	1.093	1.1	1.2	CO_2吸收地	0			0
耕地	0.059	2.8	0.16	耕地	19152.69	2.8	1.5	1.78
牧草地	0.11	0.5	0.06	牧草地	35128.05	0.5	0.2	0.078
林地	0.004	1.1	0.004	林地	24405.26	1.1	1.05	0.623
建筑用地	0.009	2.8	0.025	建筑用地	2334.495	2.8	2.8	0.404
水域	0.09	0.2	0.018	水域	3287.5	0.2	1.4	0.02
				总供给面积				2.9
				生物多样性保护	0.12		0.23	
人均生态足迹			1.47	生态承载力				2.55

表4-9   2008年赤峰市生态足迹计算结果

生态足迹用地类型	需求面积	均衡因子	均衡面积	生态承载用地类型	供给面积	均衡因子	产量因子	调整面积
化石能源用地	1.15	1.1	1.26	CO_2吸收地	0			0
耕地	0.06	2.8	0.17	耕地	19203.13	2.8	1.5	1.767
牧草地	0.15	0.5	0.07	牧草地	35150.26	0.5	0.2	0.077
林地	0.004	1.1	0.004	林地	24424.26	1.1	1.05	0.618
建筑用地	0.01	2.8	0.03	建筑用地	2363.46	2.8	2.8	0.406
水域	0.09	0.2	0.018	水域	3276.74	0.2	1.4	0.02
				总供给面积				2.888
				生物多样性保护	0.12		0.347	
人均生态足迹			1.552	生态承载力				2.541

表4-10   2009年赤峰市生态足迹计算结果

生态足迹用地类型	需求面积	均衡因子	均衡面积	生态承载用地类型	供给面积	均衡因子	产量因子	调整面积
化石能源用地	1.35	1.1	1.49	CO_2吸收地	0			0
耕地	0.053	2.8	0.149	耕地	19138.77	2.8	1.5	1.75
牧草地	0.13	0.5	0.07	牧草地	35078.1	0.5	0.2	0.077
林地	0.004	1.1	0.004	林地	24421.37	1.1	1.05	0.614
建筑用地	0.009	2.8	0.025	建筑用地	2438.85	2.8	2.8	0.416
水域	0.089	0.2	0.018	水域	3264.02	0.2	1.4	0.02
				总供给面积				2.88
				生物多样性保护	0.12		0.345	
人均生态足迹			1.749	生态承载力				2.532

表4-11   2010年赤峰市生态足迹计算结果

生态足迹用地类型	需求面积	均衡因子	均衡面积	生态承载用地类型	供给面积	均衡因子	产量因子	调整面积
化石能源用地	1.59	1.1	1.75	CO_2吸收地	0			0
耕地	0.059	2.8	0.16	耕地	19288.79	2.8	1.5	1.77
牧草地	0.13	0.5	0.07	牧草地	35700.6	0.5	0.2	0.078
林地	0.004	1.1	0.004	林地	23855.88	1.1	1.05	0.602
建筑用地	0.01	2.8	0.029	建筑用地	2364.394	2.8	2.8	0.405
水域	0.089	0.2	0.018	水域	3269.286	0.2	1.4	0.02
				总供给面积				2.875
				生物多样性保护	0.12		0.345	
人均生态足迹			2.031	生态承载力				2.530

4.3.4 生态承载力分析

2006年赤峰市的人均生态足迹为1.552公顷/人，生态承载力为2.541公顷/人；2007年赤峰市的人均生态足迹为1.469公顷/人,生态承载力为2.553公顷/人;2008年赤峰市的人均生态足迹为1.552公顷/人,生态承载力为2.541公顷/人;2009年赤峰市的人均生态足迹为1.749公顷/人,生态承载力为2.532公顷/人。

表4-12　赤峰市生态承载力分析

年度	人均生态足迹(公顷/人)	生态承载力(公顷/人)	生态赤字(生态盈余)
2006	1.552	2.541	−1.227
2007	1.469	2.553	−1.084
2008	1.552	2.541	−0.989
2009	1.749	2.532	−0.783
2010	2.031	2.530	−0.501

　　赤峰市2006年至2010年生态赤字(生态盈余)表明资源供需平衡的协调状况,是判断人地协调性及生态可持续发展的定量依据。从上表中可以看出,截至2010年,赤峰市尚未出现生态赤字,生态盈余呈逐年减少趋势。

4.3.5 生态压力

　　随着赤峰市社会、经济的高速发展,高能源消耗、过度放牧以及化石能源燃料的极大消耗是造成全市生态盈余逐渐减少的主要原因。同时,不断减少的生态盈余也进一步表明赤峰市对自然生态资源的消耗正在逐渐接近生态承载力供给的限值,证明了赤峰市自然生态资源虽然能满足能源经济发展的需要,但是生态压力较大。

4.4 碳资源与碳排放

4.4.1 碳资源

4.4.1.1 碳汇资源丰富

　　碳汇主要是指森林、草原吸收并储存二氧化碳的多少,或者说是森林、草原吸收并储存二氧化碳的能力。森林碳汇指森林植物吸收大气中的二氧化碳并将其固定在植被或土壤中,从而减少它在大气中的浓度,减缓了温室效应。这就是通常所说的森林的碳汇作用。森林是陆地生态系统中最大的碳库,其次是草原碳汇和耕地碳汇。草原碳汇主要是通过草原植物吸收大气中的二氧化碳并将其固定在植被或土壤中,从而减少该气体在大气中的浓度。国内仍没有学者对草地碳汇进行界定,因为大多数学者认为草地的固碳具有非持久性,很容易泄漏。尽管草地固碳容易泄露,但是随着我国退耕还林还草工程的实施,草地土壤的固碳量在增加,因此从增量角度看,草地还是起到了固碳的作用,也应当予以计算。耕地固碳仅涉及农作物秸秆还田固碳部分,原因在于耕地生产的粮食每年都被消耗了,其中固定的二氧化碳又被排放到大气中,秸秆的一部分在农村被燃烧了,只有作为农业有机肥的部分将二氧化碳固定到了耕地的土壤中,所以这部分碳汇难以计算,常被忽略。

2010年赤峰市森林面积288.844万公顷,森林覆盖率34.09%,森林蓄积量5896万立方米。取用雷鹏测算的我国森林"单位面积碳汇系数" 0.888×10^{-6} TgC/$(a \cdot hm^2)$,得出赤峰的森林碳汇为2.56TgC/a。

草地与森林、海洋并称为地球的三大碳库。研究表明,单位面积草原的碳汇作用不如森林,但草原的优势在于面积巨大。据初步估计,世界范围内生态系统的碳储量,森林占39%~40%,草地占33%~34%,农田占20%~22%,其他占4%~7%。可见,森林和草地的碳汇功能是同等重要的。健康的草地生态系统具有丰富的碳储量和强大的碳汇功能,能够在抑制温室效应方面发挥重要作用。保护建设好草原就是在增强草原的固碳能力,而草原退化沙化就失去了固碳能力。赤峰市2010年草原总面积573.33万公顷,按照亩天然草原(场)固碳能力为0.1吨计算,相当于减少二氧化碳排放量0.367吨,可固碳860万吨,减少二氧化碳3156万吨。

4.4.1.2 低碳产业资源丰富

赤峰市是内蒙古自治区风能和太阳能资源富集区。国家气象部门公布的资料显示,我国可开发利用的风能资源为2.33亿千瓦,其中内蒙古自治区为1.01亿千瓦,居全国之首,而赤峰市的风能资源可开发储量就在5000万千瓦以上。

赤峰市属于半干旱大陆性季风季候,十年九旱,年均降雨量不足390毫米,阳光照度丰富,60%以上的地区年太阳辐射强度超过5600兆焦/平方米,具有开发太阳能资源独特的优势。

4.4.2 碳排放

由于中国没有直接的二氧化碳排放监测数据,只能通过间接计算得到,而计算能源消耗产生的碳排放需要利用IPCC公布的各种能源的缺省碳排放因子,又由于该缺省碳排放因子对应的是热量,而我国公布的能源消费数据都是实物量和标准煤,因此,需将公布的能源消费量先换算为热值,然后再将所得热值换算为碳排放量。其计算方法为:首先将国家统计部门公布的各种能源消费量分别乘以其对应的发热值,得到各分类别消费能源热值,再将各类别消费能源的热值分别乘以其缺省碳含量,即得到各分类别消费能源的碳排放量,将各类别的碳排放量合计即得到总碳排放量。

中国采用的能源标准是标准煤,以此作为各种能源换算成标准煤时的标准量。国家标准(GB 2589—81)规定,每千克标准煤的热值为29271千焦(即7000千卡)。表4-13中给出了我国几种常用能源的平均低位发热值。表4–14为IPCC公布的和通过间接换算得到的煤炭、焦炭、汽油、煤油、柴油、秸秆共7种能源的缺省碳含量。煤炭的缺省碳含量下限和上限分别选取《2006年IPCC国家温室气体清单指南》中所有种类煤炭制品中最小的下限和上限数值。根据相关数据换算：沼气的缺省碳含量为天然气的1.58倍，薪柴的缺省碳含量是天然气的2.12倍。由于赤峰市农牧区主要能源以秸秆为主，且得不到秸秆的缺省碳含量数据，估算秸秆的缺省碳含量与薪柴相等，数据见表4–14。赤峰市统计年鉴内不统计秸秆的消耗量，研究数据以《中国能源统计年鉴2008》中内蒙古的数据通过人口比例换算得出，2007年内蒙古秸秆消费量468.1万吨标准煤，则赤峰的秸秆消费量为85万吨标准煤，考虑近年赤峰农牧区的人口和能源结构变化不大，2006—2010年的秸秆消费量以2007年为准。

表4–13　几种常用能源的平均低位发热值

单位：千焦/千克

种类	原煤	焦炭	原油	燃料油	汽油	煤油	柴油	天然气	标准煤
发热值	20908	28435	41816	41816	43070	43070	42652	38931	29271

数据来源：《中国能源统计年鉴2008》。

表4–14　几种常用能源的缺省碳含量

单位：公斤/10^6千焦

种类	煤炭		焦炭		汽油		煤油		柴油		秸秆	
	下限	上限	下限	上限	下限	上限	下限	上限	下限	上限	下限	上限
缺省碳含量	23.8	31.3	25.1	30.2	42.5	44.8	42	45.2	41.4	43.3	31.4	33.7

数据来源：《2006年IPCC国家温室气体清单指南》。

将能源消耗量（见表4–4）与其对应的平均低位发热值（见表4–13）相乘即得到赤峰地区分类别能源的热量，再将本地区消费的分类别能源的热量分别与其缺省碳含量的上限、下限（见表4–14）相乘，并假设其燃烧效率100%，便得到本地区消费的各种能源所产生的碳排放量区间，各类别能源碳排放累加后平均，即得到本地区的碳排放量，计算结果见表4–15。

表4–15　赤峰市2006—2010年能源消费碳排放总量

年份	碳排放下限 （万吨）	碳排放上限 （万吨）	碳排放量 （万吨）	GDP （亿元）	碳强度 （吨/万元）
2006	644.56	826.96	735.76	466.38	1.58
2007	692.01	888.74	790.38	638.23	1.24
2008	805.77	1037.38	921.58	803.41	1.15
2009	878.08	1130.12	1004.10	912.89	1.10
2010	937.19	1200.22	1068.71	1086.23	0.98

从《赤峰市统计年鉴2008》和《中国统计年鉴2008》中整理出各地区的生产总值（GDP），与其对应的碳排放量进行比较，并计算各地区碳强度。碳强度的计算公式为：$C_i = G_i / P_i$。其

中，C_i为i地区的碳强度，G_i为该地区的GDP，P_i为该地区的碳排放。计算结果见表4-16。

表4-16　2007年全国和各地能源消费碳排放总量

类别 地区	碳排放下限 （万吨）	碳排放上限 （万吨）	碳排放量 （万吨）	GDP （亿元）	碳强度 （吨/万元）
赤峰	692.01	888.74	790.38	638.23	1.24
内蒙古	12522.10	15757.07	14139.58	6091.12	2.32
全国	312844.68	378433.16	345638.92	14139.58	1.25

从表4-15和表4-16可以看出，赤峰市的碳排放量呈逐渐增加态势，但增长速度略低于社会经济发展水平，碳排放强度逐年下降，表明低碳在赤峰正在践行。相对自治区来说，赤峰的碳消费走在了自治区的前列，单位碳强度远低于全区水平，也略低于全国平均水平。

4.4.3　碳均衡

将赤峰地区的能源碳排放作为碳源，森林及草原植被碳汇作为碳汇，进行比较分析。

表4-17　赤峰市2006—2010年碳均衡情况

年份	碳源 （Tg）	森林碳汇 （Tg）	草原碳汇 （Tg）	总碳汇 （Tg）	森林富余碳汇 （Tg）	总富余碳汇 （Tg）
2006	7.36	2.40	8.6	11	−4.96	3.64
2007	7.90	2.45	8.6	11.05	−5.45	3.15
2008	9.22	2.49	8.6	11.09	−6.73	1.87
2009	10.04	2.52	8.6	11.12	−7.52	1.08
2010	10.69	2.56	8.6	11.16	−8.13	0.47

从表4-17可以看出，由于赤峰市的森林覆盖率由2006年的31.88%增加到2010年底的34.09%，森林碳汇也随之增加。在不包含草原碳汇的情况下，赤峰市的碳平衡呈现亏损状态，需要提高森林覆盖率，即使整个市域森林覆盖率100%都不足以弥补亏损。但我们也要考虑到，由于我国近些年来"退牧还草、封草禁牧"等措施的实施，草原退化面积得到遏制，草原固碳的能力得以彰显，草原碳汇不应再被忽视。鉴于此，研究中充分考虑了草原固碳的巨大作用。赤峰市拥有草原面积573.33万公顷，且近年来此面积得到了巩固，草原碳汇巨大，与森林碳汇合计后，赤峰市的总碳汇资源相当丰富，达到11.16TgC，并呈逐年增加态势，且有所富余，但总富余量随碳排放量、排放幅度的增加呈逐年递减，应值得注意，碳减排工作不能有松懈。

另一方面，虽然赤峰市全市碳汇资源总量丰富，但市域幅员辽阔，人口密度不均，资源分布不平衡，北部旗县森林、草原和风能资源较为丰富，而南部旗县森林和草原覆盖率均较北部旗县低，也导致南部旗县碳汇资源低，开展低碳经济资源利用先天条件不足，整个市域低碳资源不平衡。

目前我国还属于发展中国家,经济还不十分发达,尤其是包括赤峰市在内的中西部少数民族地区经济更为落后,努力发展经济是相当一段时间的重要任务。要想在短时间内通过改变经济模式、降低能源消耗而大量减少碳排放还不现实。但继续走传统经济发展之路,沿用高消耗、高能耗、高污染的粗放型经济发展模式,地方经济不但不可能得到可持续发展,终将导致区域之间的差异越来越大,经济发展更加落后。实现地区经济可持续化还是一个漫长的过程,而利用植树造林、增加草原植被和城市园林绿化等增加森林和草原碳汇成本低、效果,明显并且得到了国际社会的实践认可,是区域经济发展中的一种降低碳排放、改善生态环境的有效途径。同时,赤峰市还有更丰富的风能、太阳能、辽阔的大草原、广袤的森林,有开展新能源经济、低碳经济的资源,这对于本地区来说是史无前例的发展低碳经济的机遇。

第 5 章　警示与借鉴

水是生命之源，是人类生存的物质基础和必要条件。水资源既是人类社会生存和发展不可替代的稀缺自然资源，又是生态环境和可持续社会经济发展的控制性要素，是重要的战略性经济资源，是一个国家综合国力的重要组成部分。随着人口增长和经济发展速度的加快，人类社会对水资源的需求量在增加，水资源的可持续利用也是人类面临的一大挑战。水资源供求和生态环境保护的矛盾日益突出，"水危机"现象频频出现。尤其是水资源的短缺、水生态环境的污染已成为全球关注的热点。人们逐渐认识到"水是人类生存和发展不可替代的、有限的、易破坏的自然环境和经济资源"。加上近年来全球气候变暖，温度增加，以及融雪水流失、干旱、洪涝、海平面上升等，这些因素加剧了水资源的危机，极端水旱灾害事件的频发与并发使水资源环境形势更为严峻。中国人多水少，水资源时空分布不均，与生产力的布局不匹配。

社会经济可持续发展的核心是自然资源的可持续利用，自然资源的可持续性是指可再生的自然资源（如地表水等）在时空上能够连续下去。可持续发展既强调公平性，也要求协调性。协调性是指社会之间的和谐以及人类与自然间的和谐。而协调性的关键是要考虑行为的后果，避免对社会和生态环境造成不良影响。自然资源具有了可持续性，它才能不断地满足人类以及其他生命的需求。而保持自然资源代际代内的均等性，才能保持人类与自然资源的共生互惠和可持续的长远关系。

5.1 生态警示

5.1.1 农村地下水污染日益严重

在中国，有六成人口是以地下水作为饮用水水源，农村一些地区甚至直接饮用地下水。曾有媒体曝光由工业废水或生活垃圾造成的江河等地表水污染，然而，地下水污染的严重程度和治理困难已然拉响了更严峻的警报。与地表水呈现动态循环，更新周期短相比，地下水属于循环更新周期长的静态水，这就意味着，地下水一旦被污染，其自净能力更差，因其流动缓慢又具有隐蔽性和延时性，污染状况存在的时间会更长，没有技术能够彻底清污，生态破坏具有不可逆转性。

目前，农村约有3.6亿人喝不上符合标准的饮用水，近20%的城市集中地下水水源水质劣于III类，不适宜作为生活饮用水源。公开的调查数据显示，中国地下水中检出率较高的有氯仿、甲苯、四氯乙烯、苯并芘、氯苯、苯等，这些物质都会对人体黏膜产生刺激。其中，苯被国际癌症研究中心（IARC）确认为致癌物。

从国际经验来看，地下水的治理难度、成本和周期远远超过大气和地表水，且水质还无法完全恢复，因此，控污十分紧迫。美国20世纪80年代出台的《超级基金法案》确立了"污染者付费原则"，使恶劣的地下水污染事故销声匿迹。中国法律也严禁将污水直接排入地下。《水污染防治法》第35条明确规定，禁止利用渗井、渗坑、裂隙和溶洞排放和倾倒有害废水、污水和其他废弃物。《水污染防治法》第76条又规定，企业的上述行为，由县级以上地方人民政府环境保护主管部门责令停止违法行为，限期采取治理措施，消除污染，处以罚款；逾期不采取治理措施的，环境保护主管部门可以指定有治理能力的单位代为治理，所需费用由违法者承担。长期以来，对污染责任人处罚、追责过轻，客观上起到了纵容的反作用。

迄今为止，由中国地质调查局绘制的《中国地下水污染状况图》，只粗略地反映了几大区域的地下水质量状况，以及不同地区的污染组成差别。比如，东北地区由于重工业和油田较为密集，地下水污染严重；长江三角洲、珠江三角洲这类城市及工矿发达的地区，浅层地下水污染普遍；华北地区地下水不仅污染普遍，且仍呈加重趋势。相比而言，东南地区和西北地区地下水，受人类活动影响相对较小，污染相对较轻。

河南周口市沈丘县拥有全国闻名的多个癌症高发村。这个县临近淮河最大支流——沙颍河，但全县居民日常用水都要依靠地下水。溯沙颍河而上，至平顶山市新华路大桥下，色如墨汁、状如酱油的污水，从岸边的城市排污管和地下井中肆无忌惮地喷涌。如此肆无忌惮地排放已达20年，即使企业仅排污于地表，但由于地表水与地下水互相渗透、连通，随着时间的积累，巨量的污染物逐渐下渗，深入更深层。2005年环保部门就调查发现，当地50米深的地下水已经不能饮用。历经七八年后，受污染的地下水更深了。沈丘县一些村庄的深井已打到地下过百米，水质还是不合格。

作为淮河的最大支流，沙颍河的污染物几乎占到淮河干流污染物的一半。历年来，沙颍河一直是淮河治污的重中之重，沿岸不少小型污染企业被兼并、关停，从上游以煤炭、钢铁、化工、制药等为主要产业布局的平顶山，到以食品加工、造纸、皮革为产业龙头的漯河市，再到因味精化工厂而闻名的项城市，从沙颍河上游到下游，污染物一路添加，在关关停停的事件演变中，排污总量并没有得到有效控制。

5.1.2 并不能幸免的城市饮用水

中国60%的人口是以地下水作为饮用水水源。国土部2005年对全国195个城市监测结果表明，97%的城市地下水受到不同程度污染，40%的城市地下水污染趋势加重。

根据《全国城市饮用水安全保障规划（2006—2020年）》，全国近20%的城市集中式地下水水源水质劣于Ⅲ类，即不适宜作为生活饮用水源地，部分城市饮用水水源水质甚至出现了致癌、致畸、致突变污染指标。

城区居民通常不被认为是受地下水污染影响的主要群体，是因为一方面城区对地下水的使用尽可能严控，首要选择水库等地表水作为水源；另一方面城市供水检测、处理等相对严格。但是，即使在北京，主城区之外的一些地段，比如东五环路外的管庄乡，有的居民区还是自采地下水，业主们因水质问题一直向物业公司、居委会以及卫生、环保部门反映。如东一时区小区所处地块是原铁道部下属的枕木防腐厂，多种化学品在此使用数十年，抽检的土壤与地下水中含有致癌物。该小区自打井的水源正是取自污染场地内数百米深层的地下水。

另外，像城市加油站之类典型污染场地的地下水，污染情况更为严重。天津环境监测中心曾对天津部分加油站调查显示，大部分地下水样品中烃检出率为85.4%，石油烃中含有致癌物质芳香烃。像北京、天津、石家庄这样的大城市，加油站分布密集，而一旦地下水被污染，就可能扩散，造成更大面积的污染。

环保部、水利部和国土部对全国城市地下水污染趋势的分析结论是：众多中小型城市存在着广泛分布的污水渗坑和渗井，导致地下水硝酸盐、氯化物和有机物污染，污染程度和面积逐年增大；由点状、条块状向面扩散，从局部向区域扩散，由浅层向深层渗透，由城市向周边蔓延。

5.2 生态建设借鉴

很多复杂的因素影响水资源的可持续利用，包括政治、经济、科学、技术、法律和体制等等。其中，管理体制对可持续水资源综合管理所起的作用是巨大的。可持续水资源管理是当今世界水问题研究的热点，也是中国水资源可持续利用要探讨的重大问题。现以美国加利福尼亚州为例，探讨对生态系统服务和可持续水资源综合管理问题。

5.2.1 管理体制对水资源可持续利用和生态服务的作用与影响

5.2.1.1 完善的法律法规体系

完善的法律法规体系为水资源可持续利用和生态服务提供了法律保障。美国加利福尼亚州具有一系列较完善的涉水的法律法规,其中包括濒危物种法和其他相关的环境法规。

(1)濒危物种法(国家濒危物种法和加利福尼亚州濒危物种法)

濒危物种法是最有力度的法规,它包括的主要内容有:列出濒危物种种类,指明列出濒危物种种类的临界生境条件,禁止对濒危物种的捕杀,评价对濒危物种的影响,对所有濒危物种及其生境的保护和保持,实施早期监测避免潜在的不良影响,开展对濒危物种的恢复计划和监测,开展适当的缓减计划和实施对损害濒危物种的禁令。

(2)其他主要的相关环境法规

对环境和水资源综合管理和政策起着重要作用的其他主要环境法规包括:国家环境法、加利福尼亚州环境质量法、净水法和加利福尼亚州水法规。

法律以其特有的规范性、概况性、普遍性、强制性发挥着其他手段和措施所不具备的作用。通过法律手段保护生态系统和保障水资源的合理开发、科学配置、优化调度、高效利用,不但对协调加利福尼亚州的可持续经济发展和环境保护起到了强有力的法律保障作用,而且对生态系统和可持续水资源的综合管理提供了有力的保障。

5.2.1.2 水资源统一管理的权力机构

自然界水循环的突出特点是生态系统的流域性,水资源的这种流动性和流域性,决定了水资源按流域统一管理的必然性。依据水资源在生态系统中的流域特性,美国加利福尼亚州建立以流域为基础的水资源统一管理机构及流域执法的体制,这种决策管理的模式及实施经验值得研究和借鉴。建立精简、有效、权威、有独特运行机制的流域管理机构是实现生态和水资源有效保护及水资源可持续利用的关键因素。加利福尼亚州水资源局负责制定可持续水资源的综合管理和规划(加利福尼亚州水规划),并协调和支持各流域的综合规划以及水资源供求和水资源保护等专项规划,同时协调处理水量调配和生态环境保护等宏观决策事宜。

为解决近年来生态系统危机和水资源可持续利用的问题,特别是三角洲水域生态系统和输水系统供水的矛盾,加利福尼亚州政府采取了如下综合性管理措施:

(1)加利福尼亚州长三角洲蓝图特别工作机构

加利福尼亚州三角洲输水系统是北水南调枢纽供水调控的关键。2006年,加利福尼亚州州长下令组成州长三角洲蓝图特别工作机构,以制定三角洲水资源可持续管理远景蓝图。这个远景蓝图确定了加利福尼亚州三角洲生态系统的保护和供水可靠性是可持续水资源综合管理的双重目标,从而确定了水资源的生态环境和供水双重功能对加利福尼亚州可持续发展的至关重要的地位。

三角洲远景蓝图的双重目标不仅要求供水的可靠性,而且以保护、重建和促进加利福尼亚州三角洲生态系统为宗旨,并将这个双重目标纳入了加利福尼亚州水法规,这为生态服务和可持续水资源综合管理长远目标的实现提供了有力的法规和政策保障。

（2）三角洲管理委员会

2009年,由加利福尼亚州立法建立的三角洲管理委员会制定了以生态系统和供水可靠性双重目标为指引的三角洲规划,以指导加利福尼亚州供水的可靠性和三角洲生态系统保护、重建和促进所采取的具体措施和行动。该管理委员会还下设三角洲科学机构,以提供双重目标的实施所需的科学和生态服务。

5.2.2　规划和措施对生态服务和可持续水资源综合管理的作用与影响

为了实现加利福尼亚州三角洲生态系统保护和供水可靠性的双重目标及加强流域的综合规划和管理,州政府制定了或正在制定一系列的可持续水资源综合管理的规划和措施,其中主要包括:三角洲远景蓝图和三角洲规划、三角洲保护计划和加利福尼亚州水规划。

（1）三角洲远景蓝图和三角洲规划

三角洲远景蓝图针对生态系统与加利福尼亚州长期发展对水资源的需求,确定了保护生态系统和供水可靠性的双重目标,并制定了解决水生态系统危机与可持续水资源需求问题的长期策略。在这个双重目标的指引下制定的三角洲规划将对供水的可靠性及三角洲生态系统保护、重建和促进的具体措施和行动起到纲领性的指导作用。

（2）三角洲保护计划的制订和实施

在三角洲远景蓝图和三角洲规划指引下,三角洲保护计划的制订和实施是解决生态系统危机与水资源需求问题的关键性措施和环境友好型的水资源管理模式。生态和物种保护及输水系统相结合的工程——周边输水系统成为解决问题的核心。周边输水系统可减免由输水而引发的濒危物种和水生态系统的矛盾。这个周边输水系统工程也会给三角洲流域带来新的环境问题。

三角洲保护计划的目标包括对生态系统的重建,生态系统和濒危物种及其生境的保护。其中保护的濒危物种包括鱼类以及其他多种动植物种类。

（3）加利福尼亚州水规划

加利福尼亚州水法规要求州水资源局每5年制定一次水规划。2009年,加利福尼亚州水规划将供水、输水、防洪和生态环境服务列入水资源综合性管理之中。这个规划对生态系统和水资源的可持续利用及综合性管理制定了目标和途径,对全州以及各流域的生态系统和具体的水资源管理计划和行动有着积极的指导作用。

加利福尼亚州水规划综合了供水、输水、防洪和环境保护及服务的多种功能,其强调的理念有: 水资源可持续利用和人与自然和谐共处, 节水和水的再利用, 统筹综合考虑生活、生产和生态用水, 综合性洪水管理——雨洪资源科学利用和生态恢复结合, 充分依靠大自然的自我修复能力, 三角洲输水工程和生态系统的协调, 发挥和调控水利工程的生态功能, 维护流域健康, 气候变化及其对水资源影响的分析及应对措施等。水规划拟定了可持续发展的、环境友好型的水资源综合管理方案。通过可持续水资源综合性管理, 改善河流的生态状态, 把水资源管理的元素整合到生态环境和可持续发展中去。

5.2.3 科学和生态服务在可持续水资源综合管理中的作用

可持续水资源综合管理不但涉及科学和实践领域较广, 而且涉及科学问题的复杂性、客观性及不确定性。理论研究与实践迫切需要探讨可持续水资源综合管理的多学科和交叉学科的问题。其中包括数学和模拟、生物、生态和生态模拟、统计学与数据分析、水文和水质、环境保护法与政策、水资源和生态系统环境规划等。水资源可持续利用阐述起来很简单, 但操作起来很复杂, 总结科学和生态服务在可持续水资源综合管理中的作用与管理经验有助于生态服务的实践和目标的实现。以自然流域为单元的统一的科学组织机构和管理模式是提供可持续水资源生态服务的关键。以加利福尼亚州三角洲为例, 为可持续水资源管理提供科学和生态服务的有: 三角洲管理委员会科学机构和政府机构间合作的生态计划科学团队。

(1)加利福尼亚州三角洲管理委员会的三角洲科学机构

加利福尼亚州三角洲管理委员会的三角洲科学组织机构包括: ①三角洲独立的科学委员会和三角洲科学项目组。三角洲独立的科学委员会的成员由加利福尼亚州三角洲管理委员会定期任命。这10名成员都是世界上多种相关学科的学术带头人。科学委员会发挥着多学科生态服务的总体监管功能, 其监管的范围有科研、监测和项目评估。②三角洲科学项目组是由加利福尼亚州政府的科学家组成, 其功能是综合和提供可持续水资源管理决策所需要的科学信息, 在多学科的综合、协调、沟通和生态服务与可持续水资源管理决策中发挥着重要的作用。

(2)政府间合作的生态计划科学团队

多学科多部门合作的生态计划科学团队对加利福尼亚州三角洲水资源管理和调控决策提供了具体的科学和生态科研与检测服务。它的主要任务是为更有效地管理三角洲提供科学和生态信息, 为执行环境法和保护濒危物种提供科学依据和相关的生态服务。科学团队在很多政府机构的共同努力下, 组成并开展了多项生态学和各学科之间的交叉性科学合作研究。它的研究成员主要是来自国家政府机构(鱼类和野生动物局、开垦局、地质服务局、工程兵团、海洋渔业局、环境保护局)和加利福尼亚州政府机构的科学家和研究梯队。大学的研究组织也参与它的科研和监测服务,这样就很大程度地避免了不同部门对科研和监测服务整体性的分割,有效地协调和整合了研究计划的目标和人力物力资源。

政府机构间合作的生态计划科学团队确定的目标如下:①评价影响三角洲环境和生物资源的因素;②为遵守环境法律和政策决策提供科学依据和借鉴;③确定人类活动对生物和环境资源的影响;④避免或抵消三角洲输水工程操作和调控或其他人类活动带来的生物和环境资源的不利影响;⑤提供和整合研究计划组织结构和资源。其中多学科和交叉性科学研究合作的范围有:生物遗传,生理和生态环境,水动力学,水质量,三角洲生物和生态模拟模型,三角洲生态环境监测,湿地生态修复监测等。实施共同的研究计划和目标有效地避免了研究项目由主管部门的不同所带来的分割管理,使得整个研究体系能全面、系统地表述科学和生态服务的总体思想,将可持续水资源的科学和生态服务作为一个有机整体来进行统一规范管理。

5.2.4　科学研究、生态服务和可持续水资源综合管理的途径

加利福尼亚州三角洲水域生态系统环境具有变化性和复杂性,而科学研究的周期长,其结果往往具有不确定性。调适性的管理就成为科学和生态服务及可持续水资源综合管理中采用的主要途径。调适性管理的过程为:生态系统和可持续水资源综合管理问题的确定,概念模型的建立,生物和环境指标的监测和反馈,依据科学和生态监测及反馈的信息对管理目标和措施作调适性的改变。三角洲科学机构采用调适性管理的途径来解决可持续水资源综合管理的科学和决策以及生态重建中复杂和多变的实际问题。

科学研究、生态服务及可持续水资源综合性管理是研究与实践中的新理念,它的实施和操作迫切需要具备多学科知识与综合分析能力的科学管理人才。以加利福尼亚大学圣塔芭芭拉分校多学科环境管理专业硕士和博士人才培养为例,它为环境管理专业制定的目标为:不但提供多学科知识与各种分析能力的基础,而且提供解释、设计、传达和执行政策与管理的方法。核心课程有:生态管理系统生态学、环境生物和地球化学、地球系统科学、环境管理经济学、统计学与数据分析、环境保护法与政策、商业与环境、环境政治与政策、环境政策分析入门。它的水资源综合管理专业课程和研究计划还涉及水资源管理、景观生态学、恢复生态学等。

生态系统及可持续水资源综合性管理对多学科和交叉学科知识的要求是对传统教育体系的挑战。传统教育专业课程的局限,导致了知识的人为分割而不能反映真实世界的迫切需要。这种陈旧而导致的知识分裂的传统教育将被多学科和交叉学科的新的教育思想与趋势所取代。自然科学家如何将生态和其他科学及人文科学有效地结合在一起,从而担负起自然资

源包括水资源的可持续利用和人类社会发展安全的重大责任,这个历史使命对我们的科学、教育和生态服务提出了巨大的挑战。

综上所述,可持续水资源综合管理需要以多学科和交叉学科知识为基础的科学教育和生态服务,而健全完善的管理体制及法律和组织体系对水资源可持续利用和生态服务提供了有力的保障。制定长远和综合性的蓝图规划与措施对可持续水资源综合管理和生态服务具有决定性的指导作用和影响。多学科研究团队的整合、协调和沟通以及调适性的科学管理成为科学和生态服务及可持续水资源综合管理中的重要途径。

5.2.5 雨水资源利用与生态工程研究

随着人口增长、经济发展和全球气候变化,世界将面临严重的水资源危机,进而影响人类的食品安全和自然生态系统。我们可以开发新的能源,提高现有的海水淡化技术,但是短时间内成本依然会很高,因而很难大范围推广。然而,现阶段只要我们能够充分理解全球水循环过程和各种气候事件,并提出适当的补救措施,还是有机会保护宝贵的水资源,并且建立一个可持续的发展模式,从而为最终解决这一问题赢得一些时间。中国是一个人均水资源相对短缺的国家,如何应对这一危机对中国政府和人民将是一个巨大的挑战。实施优化现有的水资源系统的一系列工程(包括农田水利建设、南水北调工程、水力发电、人工湿地和集雨设施),可以缓解未来的缺水问题。

降雨是自然界水循环的重要组成部分,而雨水也是水资源的另外一种表现形式。当前的水资源管理偏重于地表河流和地下水,对雨水及其初始径流并未给予必要的重视。在当前中国水资源整体缺乏、水体污染日益严重的情形下,如何合理开发利用雨水资源并有效防止雨水污染是一个极具现实意义的研究课题。

雨水的利用保护和防治,都需要从量和质两方面来考虑。雨水在农业生产方面有着重要的作用,但是由于水利设施不够发达,降雨过少,容易发生旱灾;降雨过多,又会造成洪水威胁,冲毁房屋、庄稼、农田等。两种灾害如果足够严重,都会造成粮食短缺,进而引发社会问题。中国的城镇化从1996年开始,2008年的城镇化水平已经是45.7%(邹德慈,2010),与此同时还伴随着大量的老城改造工程。然而城市尤其是大城市群的过快发展,合理的规划和必要的配套设施并没有一并跟上,引发了一系列生态环境问题,尤其是水资源的供给问题。在中国华北地区,水资源优先供给北京、天津等大城市,使得周边农村地区的农业生产用水非常紧张,造成水资源的开发枯竭,地下水位逐年下降。

(1)降雨流程分析

雨水的利用和防治主要涉及两个物化过程:降雨和渗透于地表径流。降雨是指空气中水汽凝结在重力作用下降落到地面的过程。一方面,它受当时的温度、水汽含量以及风的影响;另一方面,空气品质本身也会影响雨水的质量,比如现在危害很大的酸雨,就是由于空气中的硫氧化物和氮氧化物转化而来。在全球变暖的大背景下,局部降雨的时空分布也将有巨大变化,这对人类的日常生活和农业生产都会产生巨大的影响。雨水到达地面后,一部分将渗透到土壤里面,可以被植物根系吸收,也可形成地下水;另一部分将在地面形成涓涓溪流,汇聚成溪河,最后流向大海。地表的土地使用情况将对雨水造成影响,如果地表植被覆盖良好,有助于涵养水源和提高水质。当地的社会经济情况也会对它产生间接作用,城市地区的地表径流就会含有更多的化学物质。而市政建设,比如垃圾处理、管道设施也将直接影响雨水的量和质。

（2）雨水资源

水是生命的源泉,也是工农业生产、经济发展和环境改善不可替代的极为宝贵的自然资源。中国由于人口众多,经济发展迅速,对水资源有着巨大的需求。但是一方面水资源分布不均,另一方面水资源浪费和污染严重,而雨水资源的开发利用和污染防治将有助于缓解这一困境。

中国西部,由于降雨稀少,集雨工程应该针对降雨尚未到达地面时的截留,这样既可以增加集雨的体积,还能保证集雨的水质。如果配合节灌技术,集雨工程将在实现农业现代化、农民脱贫致富、水资源可持续利用、减少黄河下游泥沙淤积、水土保持生态工程建设和水利建设等方面起到积极作用。

自1998年特大洪灾以来,中央和地方虽然加大了财政投入,兴修大型水利基础设施,但是对事关农业稳产、高产的小型农田水利设施重视不够,建设和管护力量不足,很多农田水利设施年久失修、带病运行,农业生产抗风险能力较差。事实上,中国北方干旱部分原因来自于近些年来对农田水利建设的忽视。由于单个农户无法承受农业水利工程的巨大成本,因此他们倾向于开采地下水。这不仅简单廉价,并且容易确立所有权。然而,缺乏协调和过度开采已经造成了很严重的环境问题,例如地下水位下降、地表沉降和海水入侵。这就迫使居民挖深水井,结果又进一步增加了问题的严重性。如果有足够的财政支持、合理的规划和管理,中央和各级地方政府可以组织建立一个系统而科学的灌溉和排水网络,合理利用雨水缓解农业灌溉用水困境。

然而,即使这个网络成功建成,中国北方仍然有缺水问题,作为某种意义上雨水时空转移的南水北调工程将缓解这一问题。作为世界上最大的供水项目和历史上最有争议的公共计划,它将连接长江、黄河和海河流域,从而平衡水在中国北方和南方的供应和需求。但是由于该计划涉及大规模的人口迁移并且存在较高的生态风险,需要各部门给予更多的关注和论证研究。

通过应用生态工程原理和采用适应性管理，仍然有许多机会能够优化流域的生态系统服务。

城市雨水利用和防治技术是从20世纪80年代到90年代发展起来的，它不仅要减轻城市水灾内涝的威胁，降低雨水带来的环境负面效应，还要将雨水排放资源化，利用现代生态工程技术增加生态系统服务。在雨水利用技术已经达到世界领先水平的美国、德国和日本等国家，城市雨水利用已经纳入城市总体规划，技术也进入了标准化和产业化阶段。

（3）雨水污染

如果雨水资源不能合理规划，不仅会造成洪涝灾害，还可能会加重流域的水体污染（Wong, 2006）。由于快速城市化，雨水逐渐成为非点源水污染的主要原因。表5-1列出了美国国家雨水质量数据库的雨水主要水质参数，从表中可以看出，雨水中含有大量的金属离子、氮磷营养物以及细菌。如果这些含有重金属污染物的雨水没有妥善管理，非生物降解的重金属将会在生态系统中累积，对人类的健康产生不利影响，产生急性毒性和致癌风险（Wu and Zhou, 2009）。如果路面有4%的面积使用沥青，将会导致在雨水汇集处沉淀物表层潜在致癌物总多环烃浓度增加100倍（Watts et al., 2010）。

表5-1　美国国家雨水质量数据库雨水主要水质参数（Pitt et al., 2008）

	中位数	变异系数	样本量	可测比
总悬浮固体（毫克/升）	62.0	2.2	6780	99
化学需氧量（毫克/升）	53.0	1.1	5070	99
粪大肠菌群（个/升）	4300	5.0	2154	91
总凯氏氮（毫克/升）	1.3	1.2	6156	97
总磷（毫克/升）	0.2	2.8	7425	97
总铜（微克/升）	15.0	2.1	5165	88
总铅（微克/升）	14.0	2.0	4694	78
总锌（微克/升）	90.0	3.3	6184	98

（4）美国城市雨水生态工程

美国是城市雨水利用发展较快、技术也较为完善的国家之一，现在比较常见的雨水生态工程技术有：绿色屋顶、雨水收集和储存、雨水花园、雨水渗透路面、生物滤池、滞洪区、水动力设备、媒介过滤器、滞洪池和人工湿地。

①绿色屋顶，是指一个大楼顶部部分或全部被植被覆盖。它主要包括植被、栽培介质和屋顶防水材料。建筑屋顶绿化后将提供多种途径，例如吸收雨水、提供绝缘、为野生动物提供野生栖息地，并帮助降低城市空气温度和缓解热岛效应。

②雨水收集和储存，就是将雨水收集和储存起来。适用于相对干旱的地区，利用屋顶集水，作为饮用水相对而言水质更好，也可用于灌溉、牲畜用水、冲厕所、洗衣服、浇灌花园和

洗车。

③雨水花园，是将从屋顶、道路、停车场以及草坪等地方流过的雨水集中到一个地势低洼的地方，并培植当地的花草树木。这既可减少地面径流，还可吸引当地鸟类等野生动物，美化环境。

④雨水渗透路面，是一种利用渗透性路面材料的铺路技术。主要是利用透水性混凝土、多孔沥青铺路石或砖及其他透水材料让降水不在路面积聚，而渗透到底层土壤中。适用于人行道、停车场等城市区域。

⑤生物滤池，利用缓坡延长雨水在沼泽地带的滞留时间，并通过植被以及堆肥来消除地表径流中的泥沙和其他污染物。生物因素也有助于某些污染物分解。常应用在停车场周围，收集被雨水冲洗的大量的汽车污染物。

⑥滞洪区，是一个雨水管理区域，主要是安装在河流支流、小溪、湖泊以及海湾入水处，用以预防水灾。有时会利用蓄水在一个有限的时间内冲刷下游河槽，滞洪区并不长时间蓄水。

⑦水动力设备，通过重力等物理原理，配合分离装置去除沉积物和污染物。这些方法包括挡板、涡轮以及沉淀池等设计。正常情况下，该设备可消除垃圾、油、泥沙等污染物。

⑧媒介过滤器，可处理雨水径流，消除粗泥沙，过滤后通过管道系统将雨水排放到相邻的河流中，使用的介质包括沙床、粉碎花岗岩或其他材料。

⑨滞洪池，用于管理雨水径流，防治下游洪水和侵蚀，改善相邻河流、溪流、湖泊或海湾的水质。中间有永久蓄水池，周边围以植被。

⑩人工湿地，模拟自然湿地，作为一个生物滤池，可去除沉淀物和污染物，如水中的重金属，还可作为生态恢复的原生栖息地。

（5）美国雨水最佳管理实践评估

虽然雨水生态工程提供了传统水处理设施不能提供的生态系统服务，但是其在水质方面的效果也需要更多数据论证。根据北美地区114个雨水最佳管理实践（BMPs）22个常见参数的多年水质分析，利用入水和出水的对比研究可以发现，雨水生态工程对大多数参数都能有效控制，出水中主要金属浓度都呈显著降低，尤其是总铜、总铁、总铅、溶解锌和总锌，下降幅度都在50%以上。但是总镉的浓度有12.8%的显著提高，需要在以后的研究中进一步证实。在氮磷组，出水中氨、总凯氏氮和总磷浓度都有显著下降，但溶解有机磷浓度有大幅提升。总悬浮固体的去除非常有效，但是电导率也被有效提高。化学耗氧量、生化需氧量和总有机碳得到有效控制，但是水的硬度也有所提高。

第 6 章　低碳经济发展目标与政策措施

6.1 低碳经济发展背景与目标

6.1.1 低碳经济发展背景及现状

人类经济发展方式的变革起源于1972年罗马俱乐部发表的《增长的极限》这一报告,该报告第一次对高能耗、高污染的传统工业文明和高碳经济的发展方式进行了深刻反思。近百年来世界各国的工业化进程,几乎快速耗尽亿万年来地球所储藏的不可再生的化石能源,累计排放了大量的二氧化碳等温室气体,引发了全球气候变暖的趋势,带来了一系列严重后果。近年来世界各地气象灾害频繁发生,粮食作物大面积减产,化石能源日益短缺,石油价格大幅度波动,空气污染、环境恶化,极大地阻碍着全球经济社会可持续发展。

根据国际能源机构的统计,假如按目前世界各国经济发展态势,对能源消费不加节制,地球上的石油、天然气和煤炭这三种能源可供人类开采的年限,分别只有40年、50年和240年。人类无节制地索取,视自然为专供人类无偿使用的、取之不尽用之不竭的资源库,其结果是可再生资源的消耗率超过了自然界的再生力,不可再生资源的消耗速度超过了寻求作为代用品的新资源的速度,从而严重扰乱和破坏了整个地球生命的自然支持系统。历史表明,一个国家要想完成工业化过程,人均积累二氧化碳排放基本都要超过200吨。由化石能源引起的环境问题日趋严重,传统的经济增长模式已经难以为继。美国五角大楼给总统的"绝密"报告称:今后20年中,真正的威胁并非来自恐怖主义,而是全球性的气候变化。在现有科技水平和生产消费模式下,碳排放是社会经济发展过程的必然产物。采用这种模式,随着工业的发展,生产规模的扩大和人口数量的增长,环境自身净化能力的削弱,导致环境问题日益加重,资源短缺的危机更加突出。

1992年,联合国环境与发展大会把全球资源环境管理提升到国家发展战略高度,提出了"可持续发展"理念。2003年,英国政府发表的《能源白皮书》(UK Government, 2003)中首次提出"低碳经济"(low-carbon economy)概念,之后英国政府就一直不遗余力地推广低碳发展的理念。之后美国政府也于2007年提出了《低碳经济法案》,2009年通过了《清洁能源与安全法案》。日本、德国等发达国家也进行了类似的立法。但人们发现,无论是在2010年12月联合国坎昆会议上,还是在2011年4月联合国曼谷气候会议上,以美国为首的一些发达国家把气候谈判作为限制广大发展中国家，尤其是"金砖四国"等新兴经济体的政治武器。

2011年11月28日—12月9日世界气候变化会议在南非德班召开。德班会议主要有两个方面的议程，一是落实2010年墨西哥《坎昆协议》的成果，启动"绿色气候基金"，加强应对气候变化的国际合作；二是关于续签《京都议定书》第二承诺期的谈判，这是各国为争取各自生存与发展权所要面对的复杂的政治任务。

低碳经济的本质是提高能源效率和清洁能源结构问题，核心是能源技术创新和政策创新。以低能耗、低污染为基础的"低碳经济"已成为全球热点。最实实在在的是低碳经济是继工业革命和信息化革命后的一场新经济革命。欧美发达国家大力推进以高能效、低排放为核心的"低碳革命"，着力发展"低碳技术"，并对产业、能源、技术、贸易等政策进行重大调整，以抢占先机和产业制高点。低碳经济的争夺战，已在全球悄然打响。这对中国，是压力，也是挑战。2006年，前世界银行首席经济学家尼古拉斯·斯特恩牵头做出的《斯特恩报告》指出，全球以每年GDP 1%的投入，可以避免将来每年GDP 5%~20%的损失，呼吁全球向低碳经济转型。

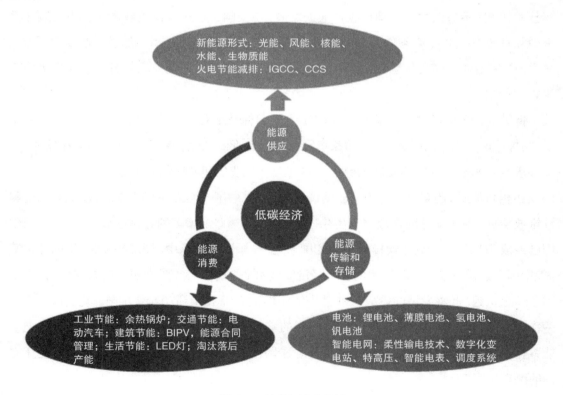

图6-1　低碳经济产业链

在美国，2009年1月，奥巴马宣布了"美国复兴和再投资计划"，以发展新能源作为投资重点，计划投入1500亿美元，用3年时间使美国新能源产量增加1倍，到2012年将新能源发电占总能源发电的比例提高到10%，2025年将这一比例增至25%。2009年2月，美国正式出台了《美国复苏与再投资法案》，投资总额达7870亿美元，主要用于新能源的开发和利用，包括发展高效电池、智能电网、碳储存和碳捕获、可再生能源（风能和太阳能等）。

在欧洲，欧盟将低碳经济视为"新的工业革命"。2007年3月，欧盟委员会提出的一揽子能源计划，带动欧盟经济向高能效、低排放的方向转型。2008年12月，欧盟通过的能源气候一揽子计划，包括欧盟排放权交易机制修正案、欧盟成员国配套措施任务分配的决定、碳捕获和储存的法律框架、可再生能源指令、汽车二氧化碳排放法规和燃料质量指令等6项内容。2009年3月，欧盟宣布，在2013年前出资1050亿欧元支持"绿色经济"，促进就业和经济增长，保持欧盟在"绿色技术"领域的世界领先地位。2007年10月7日，欧盟委员会建议欧盟在未来10年内增加500亿欧元发展低碳技术，根据这项立法建议，欧盟发展低碳技术的年资金投入将从30亿欧元增加到80亿欧元。

国际上留给中国转型发展的时间非常有限，在被迫承担强制性减排责任之前，中国必须从内部做好准备，加快推进节能减排工作，加大新能源和再生能源的使用，大力发展低碳技术研究，不遗余力地推动低碳产业的发展，使我国企业在碳排放技术指标方面真正具有国际竞争力；同时，必须做好退耕还林和植树造林工作，增加碳汇，加强气候变化领域的科学研究，增强气候变化谈判话语权。气候变化对全球气候系统及人类社会经济发展将产生重大影响。

低碳对于英国等发达国家来说，追求经济的目标是绝对的低碳发展；对于发展中国家来说，目标应该是相对的低碳发展。潘家华研究员指出，低碳经济，重点在低碳，目的在发展，是要寻求全球水平的可持续发展。目前，中国正处于工业化和城市化的关键时期，生存和发展问题还相当重要，还需要一定的排放发展空间。尽管中国人均温室气体排放低，人均历史累计排放更低，绝大部分的排放属于生存排放，还承担着日渐增多的转移排放，但鉴于目前中国已经成为世界上二氧化碳排放最多的国家之一，国际上要求中国采取强制减排的呼声渐高，中国在远没有达到发达国家的社会经济发展水平之前就必须承受更大的减排压力。但中国已经意识到，低碳发展的挑战与机遇并存，国家已经提出了到2020年中国非化石能源将占一次能源的15%，单位GDP碳排放在2005年的基础上降低40%～45%的战略目标，并且把节能减排纳入国家的中长期发展计划，显示了中国作为一个负责任的大国在应对气候变化方面的决心和信心。

2009年9月，在联合国气候变化峰会上，中国国家主席胡锦涛承诺争取到2020年单位GDP二氧化碳排放比2005年有显著下降。同年11月，温家宝总理在主持召开的国务院常务会议上明确提出，中国政府决定到2020年全国单位国内生产总值二氧化碳排放比2005年下降

40%~45%,作为约束性指标纳入"十二五"及其后的国民经济和社会发展中长期规划,非化石能源占一次能源消费的比重将达到15%左右。

中国为了实现向低碳经济的发展,注重发展低碳能源,提高技术水平与装备制造的革新,从落实节能工程展开,转变以高耗能换取高增长的增长模式,相继实施了"十大重点节能工程"和"千家企业节能行动"。并立法,《中华人民共和国节约能源法》指出:"节约能源是我国的基本国策。国家实施节约与开发并举、把节约放在首位的能源发展战略。"2010年中国又推出《新兴能源产业发展规划》,主要针对核能、风能等可再生能源的开发利用,也包括煤化工等传统能源体系的变革,规划期限是2011—2020年。预计到2020年,中国在新能源领域的总投资将超过5万亿元。2010年国家选择广东、湖北、辽宁、陕西、云南等5省和天津、重庆、杭州、厦门、深圳、贵阳、南昌、保定等8市作为首批试点,探索低碳发展经验。

正如2007年9月8日中国国家主席胡锦涛在亚太经合组织(APEC)第15次领导人会议上所表达的那样,本着对人类、对未来的高度负责态度,对事关中国人民、亚太地区人民乃至全世界人民福祉的大事,明确主张"发展低碳经济",令世人瞩目。他在这次重要讲话中,一共说了四次"碳":"发展低碳经济"、研发和推广"低碳能源技术"、"增加碳汇"、"促进碳吸收技术发展"。他还提出:"开展全民气候变化宣传教育,提高公众节能减排意识,让每个公民自觉为减缓和适应气候变化做出努力。"这也是对全国人民发出了号召,提出了新的要求和期待。在已具备良好基础、取得丰硕成果的循环经济模式的基础上,运用系统工程技术,实施能源发展工程、产业优化工程和技术创新工程,构建低碳城市和低碳市场,建立健全低碳发展保障体系,通过社区、城市和项目的试点示范,推动经济社会低碳转型,是每个公民义不容辞的责任。

6.1.2 发展低碳经济的意义

世界需要转向低碳能源,主要有三方面原因:首先,二氧化碳水平的升高正在让海洋酸性增加。照目前的发展速度,我们会毁掉大量海洋生物,严重破坏食物链。其次,二氧化碳正在让世界气候变得越来越危险,尽管许多石油巨头试图让我们相信并非如此。第三,随着发展中国家的增长推动需求,煤、石油和天然气这些传统能源的常规供给越来越少,我们面临着化石燃料价格的暴涨。诚然,我们可能发现更多的化石燃料,但成本会增加,工业渗漏、废料、泄露等带来的环境风险也会高很多。

除此之外,在我国各地方大力发展低碳经济,还有另外两方面的非凡意义。

中国作为大国承担应有的环境保护责任就具体到每个地方的环境保护责任担当上面。各级地方政府有了环境保护责任意识,才能更好地提高能源利用效益,发展新兴工业,调整经济结构,完成国家节能降耗指标的要求,才能真正地实现美丽中国,真正实现中国梦。

更深层次的意义在于,大部分研究表明,从现在开始到21世纪中叶,世界将经历深刻的去碳化,这个时间长度是由环境现实决定的。去碳化要求所有低碳选择都要大幅扩大规模,包括提高能源效率和可再生能源。

美国已经开发出许多新的低碳能源技术,但其他国家大规模使用这些技术的意愿、远见和决心要远强于美国。从政治上说,美国仍是石油巨头的国度。美国人整天受到行业资助的媒体的狂轰滥炸,淡化气候变化问题。德国和法国以及其他许多欧洲国家都认识到,世界作为一个整体,必须摆脱以石化燃料为基础的能源体系。德、法两国根据各自不同的资源禀赋、行业历史和政治压力,正在向我们展示各自通往低碳不同的未来之路。德国走的是转向可持续能源,这是一个用可再生能源,特别是太阳能和风能来满足德国全部能源需求的伟大工程。同时,法国将大大倚重低碳核能,并在快速推广电动汽车。

在这个去碳化的过程中,我们面对的是一个变化的世界、一个变化中的市场,新的挑战与新的机遇并存。谁先抢占了先机,谁就能在未来的国际竞争中享有主动权。美、德、法、英等发达国家已经把刺激经济增长与促进低碳经济作为新的经济增长极,而且以此作为下一步抢占国际经济竞争的制高点。中国作为一个正在高速发展的国家,作为一个负责任的大国,虽然我们在力所能及的范围内已经做了很多应该做的事情,对全球的碳减排做出了我们积极的贡献。但在转向非碳或者低碳能源消费的过程中,如何以低碳经济作为新的经济增长极是我们未来需要关注和探索的。

在这个过程中,我们亟待考虑的问题是:一方面如何在新的约束条件下确保经济的发展,承担起应有的义务;另一方面是如何更好地利用低碳经济的新市场、新机遇促进我们自身的发展,实现我们的"低碳发展"。这是摒弃以往先污染后治理、先低端后高端、先粗放后集约的发展模式的现实途径,是实现经济发展与资源环境保护双赢的必然选择。低碳经济是以低能耗、低污染、低排放为基础的经济模式,是人类社会继农业文明、工业文明之后的又一次重大进步。低碳经济实质是能源高效利用、清洁能源开发、追求绿色GDP的问题,核心是能源技术和减排技术创新、产业结构和制度创新以及人类生存发展观念的根本性转变。"低碳经济"提出的大背景,是全球气候变暖对人类生存和发展的严峻挑战。随着全球人口和经济规模的不断增长,能源使用带来的环境问题及其诱因不断地为人们所认识,不止是烟雾、光化学烟雾和酸雨等的危害,大气中二氧化碳(CO_2)浓度升高带来的全球气候变化也已被确认为不争的事实。在此背景下,"碳足迹""低碳经济""低碳技术""低碳发展""低碳生活方式""低碳社会""低碳城市""低碳世界"等一系列新概念、新政策应运而生。而能源与经济以至价值观实行大变革的结果,可能将为逐步迈向生态文明走出一条新路,即:摒弃20世纪的传统增长模式,直接应用新世纪的创新技术与创新机制,通过低碳经济模式与低碳生活方式,实现社会可持续发展。

6.1.3　相关低碳名词与释义

（1）低碳能源

对未来能源最安全的赌注是下注于对低碳能源的需求。如今,全世界八成左右的一次能源是碳基能源,即煤、石油和天然气。从各种能源的分子式碳看:传统能源煤135,石油5~8,天然气1,氢能0,可再生能源基本为低碳或无碳能源。相对于一次能源,低碳能源是一种含碳分子量少或无碳分子结构的能源。把一次能源低碳化有三种选择:可再生能源,包括风能、太阳能、地热、水电和生物能;核能;碳捕捉和碳储存,即用化石燃料生产能源,但限制二氧化碳发生量,并将碳安全地储存于地下。

低碳能源广义上是一种既节能又减排的能源。作为一种清洁能源,低碳能源突出减少二氧化碳对全球性的排放污染,同时也兼顾对社会性污染排放的减少。它的基本特征是:可再生、可持续应用,高效且环境适应性能好。

狭义的低碳或无碳能源包括风能、太阳能、核能、生物能、水能、地热能、海洋能、潮汐能、波浪能、洋流和热对流能、潮汐温差能、可燃冰,通过技术集成应用,构成低碳能源系统,实现替代煤炭、石油等化石能源而减少二氧化碳排放的目的。

非化石能源的碳含量普遍不高,一些几乎为零。生物质能包括农作物秸秆、薪材等植物性燃料,燃烧过程中也向大气释放大量温室气体。但植物性燃料中的碳是绿色植物通过光合作用吸收大气中的CO_2而固定的。由于植物是可再生的,燃烧释放后又可以通过生长吸收固定碳。如果吸收固定量与燃烧释放量相等的话,生物质能是属于碳中性的,不会增加温室气体的排放。国际上有关温室气体排放量的统计,多没有包括植物源温室气体。

煤炭、石油等化石能源的清洁化利用在广义上也可算作绿色低碳能源。广义的绿色能源包括在能源的生产及其消费过程中选用对生态环境低污染或无污染的能源,如天然气、清洁煤、磁能和核能等。因不同的能源形式或单位热值所含碳的数量相去甚远,这一特性为能源结构的调整提供了由"高碳"向"低碳"实现的前提条件。有效的燃料燃烧确保燃料中最大数量的碳被氧化,燃料燃烧的二氧化碳排放因子对于燃烧过程本身不太敏感,主要取决于燃料的碳含量。化石能源含碳量最高,通过燃烧而释放出来,产生大量CO_2。但煤炭、石油和天然气三种化石能源的碳密度存在差异。煤炭的氢碳原子比一般小于1∶1,石油氢碳比约为2∶1,天然气氢碳比为4∶1。煤炭的含碳量最高,石油次之,天然气的单位热值碳密集只有煤炭含量的60%。

在中国的一次能源消费中,煤炭占到70%左右,而内蒙古和赤峰市更是达到90%以上。要想实现高碳能源的低碳化,煤炭的高效清洁利用必不可少,可通过煤炭洗选在内的煤炭提质加工、超超临界燃煤清洁发电以及新型煤化工技术来实现。以新型煤化工为例,煤炭利用领域低碳化途径清单见下表:

表6-1 煤炭利用领域低碳化途径减排清单

途径	措施	碳减排能力
煤炭提质加工	煤炭洗选 低阶煤提质加工	1亿吨煤炭的CO_2减排量约为0.1吨
高效燃煤发电	超超临界发电 整体煤气化联合循环	电厂效率每提高1%,可减少CO_2排放2%~3%
工业锅炉洁净燃煤	煤粉工业锅炉 水煤浆锅炉 工业锅炉改造	平均燃烧效率提高7%,CO_2减排可达90%
新型煤化工	煤炭液化 煤制醇醚、烯烃 煤制天然气 煤基多联产	不同煤基产品CO_2排量减少;CO_2排放浓度高,便于捕集与封存,CO_2接近于零排放

表6-2还做了一些简单的假定和匡算。如果将中国的煤炭消费降低1个百分点,代之以水电或核能,则中国温室气体的排放总量将减少1.14%。用含碳量低的化石能源天然气或石油替代煤炭,每减少1个百分点的煤炭消费,碳排放将分别减少0.46%和0.28%。

表6-2 能源替代与温室气体排放

	煤	油	天然气	水电	核能	碳减排(%)
碳含量(公斤/10^9焦)	25.5	19.26	15.3	0.0	0.0	
当前能源结构	67	24	4	4	1	
煤(−1%),油(+1%)	66	25	4	4	1	0.28
煤(−1%),气(+1%)	66	24	5	4	1	0.46
煤(−1%),电((+1%))	66	24	4	5	1	1.14

(2)低碳模式

发展低碳模式其根本在于通过大力发展低碳能源、低碳产业、低碳城市、低碳交通运输、低碳企业、低碳家具与建筑、低碳技术、低碳商品市场、低碳服务市场等,实现从高碳经济向低碳经济转变,不断改变直至消除黑色发展模式。

(3)低碳技术

开发和使用低碳技术是减少碳排放的一个关键途径。IPCC在第3次评估报告中强调:在未来温室气体排放和全球气候变化的问题上,技术进步是最重要的决定因素,其作用超过其他驱动因素之和。低碳技术关联电力、交通、建筑、冶金、化工、石化等经济生产和社会生活的各个部门，涉及可再生能源的规模应用、煤的清洁高效利用、油气资源和煤层气的勘探开发及碳捕获、埋存与利用等领域，是以有效控制温室气体排放为终极目标的新技术。

低碳技术一般分为三种类型：

① 减碳技术。指高耗能、高排放领域的节能减排技术，煤的清洁高效利用、油气资源和煤层气的勘探开发技术等。一是传统化石能源节能减排技术，即煤、石油和天然气开采及高效、清洁和综合使用；二是电力、交通、建筑、冶金、化工、制造等高能耗、高排放领域的节能减排技术。

② 无碳技术。比如核能、太阳能、风能、生物质能、潮汐能、地热能、氢能等可再生能源技术。

③ 去碳技术。最为典型的是二氧化碳捕获与埋存（CCS）。

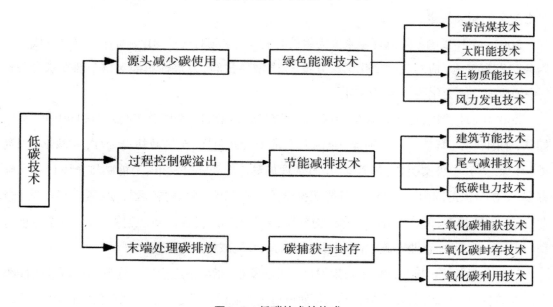

图6-2　低碳技术的构成

6.1.4　中国的低碳经济政策

中国是最早认识到气候变化问题严重性的发展中国家之一。中国政府从20世纪90年代就着手制定新能源政策，21世纪伊始更是加大了节能减排的法规政策制定和实施的重视程度。这些都为中国发展低碳经济奠定了坚实的基础。

1995年1月，为促进中国新能源和可再生能源事业的发展，国家计委、国家科委、国家经贸委共同制定了《新能源和可再生能源发展纲要》，提出了"九五"（1996—2000年）以至2010年新能源和可再生能源的发展目标、任务以及相应的对策和措施。

1999年1月，国家计委、科技部发布《关于进一步支持可再生能源发展有关问题的通知》，进一步支持可再生能源发展，加速可再生能源发电设备国产化进程。

2001年10月，国家经贸委制定《新能源和可再生能源产业发展"十五"规划》。

2004年11月，国家发展改革委发布《节能中长期专项规划》，规划为五个部分：中国能源利用现状，节能工作面临的形势和任务，节能的指导思想、原则和目标，节能的重点领域和重点工程以及保障措施。

2005年10月，国家发展改革委、科技部、外交部、财政部联合颁布《清洁发展机制项目运行管理办法》。

2005年2月，第十届全国人民代表大会常务委员会第十四次会议通过《可再生能源法》，2006年1月起实施。可再生能源的地位确认、价格保障、税收优惠等都写进了法律，同时出台了与之配套的相关规定。

2007年6月，以国务院总理温家宝为组长的中国国家应对气候变化领导小组办公室成立。国务院发布实施《应对气候变化国家方案》，国家科技部、发展改革委等14个部委联合公布《中国应对气候变化科技专项行动》。

2007年8月，国家发展改革委、中宣部、教育部、科技部、全国总工会、共青团中央、全国妇联、中国科协、解放军总后勤部、全国人大常委会办公厅、全国政协办公厅、财政部、国资委、环保总局、中央文明办、国管局、中直管理局等17部委联合发布《节能减排全民行动实施方案》，在全国范围内组织开展"节能减排全民行动"，包括家庭社区行动、青少年行动、企业行动、学校行动、军营行动、政府机构行动、科技行动、科普行动、媒体行动等九个专项行动，形成政府推动、企业实施、全社会共同参与的节能减排工作机制。

2007年8月，《可再生能源中长期发展规划》发布，指出要逐步提高优质清洁可再生能源在能源结构中的比例，提出力争到2010年使可再生能源消费量达到能源消费总量的10%左右，到2020年达到15%左右。

2007年11月，国家科技部与发改委联合启动《可再生能源与新能源国际科技合作计划》。

2007年12月，国务院新闻办公室发表《中国的能源状况与政策》白皮书。

2008年4月1日起，《中华人民共和国节约能源法》修订后施行。

2008年8月，第十一届全国人民代表大会常务委员会第四次会议通过《中华人民共和国循环经济促进法》。

2008年10月，国务院新闻办公室发布《中国应对气候变化的政策与行动》白皮书，总结了2008年上半年以前中国应对气候变化采取的政策措施和取得的成效。

2009年6月，发布《中国至2050年能源科技发展路线图》。

2009年7月，国务院办公厅印发《2009年节能减排工作安排》。

2009年8月，全国人大常委会初次审议《可再生能源法》修改草案。草案突出强调统筹规划原则、市场配置与政府宏观调控相结合和国家扶持资金集中统一使用的原则，通过完善法律进一步推动可再生能源的开发利用。

2009年8月，十一届全国人大常委会第十次会议通过《全国人大常委会关于积极应对气候变化的决议》。

2011年3月17日，发布了《中华人民共和国国民经济和社会发展第十二个五年规划纲要》，将二氧化碳减排列为约束性指标，明确到2015年底单位国内生产总值二氧化碳减排降低17%，非化石能源占一次能源消费比例不低于11.4%。

2011年8月13日，国务院发布了《关于印发"十二五"节能减排综合性工作方案的通知》（国发〔2011〕26号），进一步明确2011—2015年的节能减排方案和工作任务，力争二氧化碳减排目标如期实现。

可见，中国从20世纪90年代开始就关注低碳经济发展的基础问题——新能源开发与能源高效利用问题，在低碳经济的政策制定上并不比发达国家晚。中国还早在2007年就颁布了《应对气候变化国家方案》，更体现出一种超前思维。应该认识到的是，中国的低碳经济还处在起步阶段，目前还没有形成系统的低碳经济政策体系，也没有专门以低碳为目标的政策工具，现有政策主要体现在"节能减排"措施中，且以行政手段为主，与发达国家以市场为主的政策工具有较大的区别。

6.1.5　低碳经济发展相关指标

（1）《国民经济和社会发展第十二个五年规划纲要》中相关指标

到2015年，单位工业增加值用水量降低30%，农业灌溉用水有效利用系数提高到0.53。非化石能源占一次能源消费比重达到11.4%。单位国内生产总值能源消耗降低16%，单位国内生产总值二氧化碳排放降低17%。主要污染物排放总量显著减少，化学需氧量、二氧化硫排放分别减少8%，氨氮、氮氧化物排放分别减少10%。森林覆盖率提高到21.66%，森林蓄积量增加6亿立方米。

（2）《赤峰市国民经济和社会发展第十二个五年规划纲要》中相关指标

城镇化进程加快推进，中心城市和城关镇带动能力明显增强，城镇化率达到50%左右，中心城市人口达到110万以上。

生态环境继续好转，森林覆盖率达到36.8%，草原植被盖度达到48%，中心城市空气质量好于国家二级标准的天数达到300天以上。单位地区生产总值能源消耗降低15%左右,单位地区生产总值二氧化碳排放降低和主要污染物排放减少达到自治区要求。

通过"十二五"期间的发展,把赤峰建成国家重要的有色金属产业基地、新能源基地、新型化工基地、绿色农畜产品生产加工基地,中国北方重要生态屏障,草原文化旅游胜地,蒙冀辽接壤地区的物流中心,蒙东地区百万以上人口的中心城市。做大做强优势特色产业,培育发展战略性新兴产业,巩固提升传统低碳产业。

(3)《赤峰市"十二五"节能减排综合性工作方案(送审稿)》内相关指标

到2015年,全市单位地区生产总值能耗下降到1.35吨标准煤/万元(按2005年价格计算),比2010年的1.579吨标准煤/万元下降14.5%,"十二五"期间,实现节约能源400万吨标准煤左右。2015年,全市化学需氧量排放量控制在10万吨以内,比2010年的11万吨下降9.1%;氨氮排放量控制在0.6万吨以内,比2010年的0.71万吨下降15.4%;二氧化硫排放量控制在13.9万吨以内,比2010年的15.2万吨下降8.55%;氮氧化物排放量控制在7.82万吨以内,比2010年的8.52万吨下降8.2%。非化石能源占能源消费总量比重达到5%。

6.2 实现低碳经济的路径与政策措施

6.2.1 完善政策体系,提供发展支持

(1)加强领导,落实责任

成立发改、财政、国土、环保、规划、建设、交通、公安、农牧业、林业、园林、科技、教育等部门为成员的低碳城市建设协调机构,建立统一的低碳城市管理部门,统筹低碳城市建设与节能减排的实施。成立低碳城市研究会,推广低碳理念,开展低碳经济发展、低碳城市建设等相关领域研究。

(2)制定规划,明确任务

通过制定低碳产业的扶持力度,进一步细化建设低碳城市的工作目标、任务和工作重点。各有关部门要根据规划分别制定低碳产业、低碳社会、低碳交通等相关专项发展规划。

(3)政策引导,加大扶持

宏观层面上积极开发可再生能源,提高能源效率,降低GDP碳排放强度。加大对低碳产业的扶持力度,优先保证低碳产业项目建设用地。积极争取国家资金、金融机构和社会资金支持低碳重点工程、低碳产品和低碳新技术推广应用。在财政预算内安排低碳城市建设专项资金,用于支持低碳示范工程建设和低碳城市研究相关工作。在政府采购、城市建设等方面,优先考虑本地化的低碳产品。以各市现有高校为基础,通过与国内外低碳领域先进单位合

作,吸引相关技术人才和管理人才,培养和建立一支高水平的低碳研究队伍。

对新建企业,提高技术水平、生产规模等准入门槛;对现有企业,按生产技术水平档次、生产规模实行累进税制,以压缩小型落后产能;对开发可再生能源,发展低碳农业、先进制造业、现代服务业,给予税收优惠;对新节约产品推广,实行价值补贴,政府积极采购;利用税收政策,限制高耗能、高水耗、高污染和高资源消耗的低附加值产品生产和销售,走新型工业化道路,促进低碳经济发展。

(4)加强合作,建立联盟

以低碳城市建设为主要内容,以低碳城市研究会为依托,加强与国际相关组织、国内外先进地区和研究机构在资金、技术、人才等方面的合作,建立低碳城市发展合作机制和低碳城市联盟。引入"碳税""碳排放权交易"等环境经济手段,对区域内的碳排放水平进行经济调节。

(5)开展宣传活动

将节能减排和建设低碳城市宣传作为重大主题,制定宣传方案。通过产业发展、技术交流等途径加大对外宣传力度,在更广范围、更深层次树立低碳城市形象。主要新闻媒体要在重要版面、重要时段进行系列报道,刊播低碳城市建设公益性广告,形成政府引导、重点工程示范、企业与居民广泛参与的低碳城市建设格局。

6.2.2 发展低碳经济,培育低碳产业

(1)推进能源结构调整

加快电源结构调整,推动电源结构由单一煤电向煤电、气电、太阳能等可再生能源发电、垃圾和秸秆等生物质能发电并举的方向发展。优化电源配置,重点发展大容量、高参数、高效率的燃煤机组,提高电力装备水平。推进太阳能光伏并网发电与建筑一体化示范项目建设,稳步发展太阳能利用产业。加快能源消费结构调整,在生产、生活领域积极推广太阳能、沼气、天然气、地热等清洁能源的综合利用,最大限度地减少煤炭、石油等化石燃料的使用,降低二氧化碳排放量。

(2)构建低碳产业支撑体系

以新能源设备制造为核心,进一步完善太阳能光伏发电、风力发电、高效节电、新型储能、输变电和电力自动化六大产业体系,培育壮大具有一定规模的低碳产业群。大力发展低碳高产出的电子信息(软件)集群、高频产业集群、汽车电子产业集群。加快网络游戏、动漫等创意产业的发展,推进动漫产业基地建设。发展壮大低碳科技服务业、低碳旅游业等优势服务业。规划建设低碳教育展示场所。发展绿色食品生产和加工业,提高绿色农业比重。

（3）加快低碳技术开发与应用

推进煤的清洁高效利用、可再生能源及新能源、二氧化碳捕获与埋存等节能领域的技术开发与应用。加强排放监控技术和重点行业清洁生产工艺技术的开发与应用。加强发展清洁汽车技术和汽车尾气控制技术的研发与产业化。积极开发工业固体废物、农作物秸秆的高效利用技术。组织实施光伏发电、风力发电、生物质能发电等重大科技专项以及与建筑一体化的光伏屋顶、光伏幕墙等重大科技示范项目。依托高校、科研院所建立的低碳实验室，引导其面向应用、面向企业、面向市场，推动建立以企业为主体、产学研相结合的低碳技术创新与成果转化体系。

（4）发展静脉产业

加快建设符合国家产业政策、使用最新技术、具有一定规模的废旧汽车加工回收、废旧金属加工回收、废旧塑料加工回收等重点静脉产业园区。积极推进城乡生活垃圾集中处理和资源化利用，推行"收集—运转—集中处置—资源化"的城乡生活垃圾处理模式。

（5）推行清洁生产

完善清洁生产政策法规和标准，优化清洁生产技术、工艺和设备。所有企业都要持续实施清洁生产，培育一批二氧化碳"零排放"企业。对超标排放和排放总量较大的企业，实行强制性的清洁生产审核。结合农业结构调整，积极发展生态农业和有机农业。引导规模化畜禽类养殖废弃物的资源化和无害化，推广生态养殖模式，开展生态农业建设。

6.2.3 实施低碳化管理，加强节能减排

（1）强化工业企业的节能减排

强化对重点企业节能减排的监督。推动企业加快结构调整和技术改造力度，提高节能管理水平，着力培养一批达到国际先进水平的低碳企业。对达不到排放标准的企业一律实行限期治理、整改。加快对传统产业实施低碳化改造，继续加大关停"六小企业"工作力度，逐步淘汰不符合低碳发展理念、高能耗、高污染、低效益的产业、技术和产能。加快建设节能减排技术支撑平台，推动建立以企业为主体、产学研相结合的节能减排技术创新与成果转化体系。在重点行业，推广一批潜力大、应用面广的重大节能减排技术。鼓励企业加大节能减排技术改造和技术创新投入。

（2）推进建筑节能

加强节能管理，把建筑节能监管工作纳入工程基本建设管理程序，对达不到民用建筑节能设计标准的新建建筑，不得办理开工和竣工备案手续，不准销售使用。强化节能设计，鼓励新建居住建筑应用太阳能热水系统，并与建筑一体化设计、施工。组织实施低能耗、绿色建

筑示范工程,扩大太阳能、地热能等可再生能源利用。加快节能改造,研究政策措施,对非节能居住建筑、大型公共建筑和党政机关办公楼,进行节能改造。组织实施一批低能耗、绿色建筑及建筑节能改造、可再生能源在建筑中规模化利用的示范工程。

(3)强化城市交通运输的节能减排

优先发展城市公共交通,在城市主干道开辟城市公共交通车辆专用或优先行驶通道,大力提高公交服务质量,努力使公共交通成为群众出行的主要方式,加强汽车尾气排放监督和治理。加速淘汰高耗能的老旧汽车,控制高耗油、高污染机动车发展,使得城市公交车尾气排放逐渐达到欧III标准。鼓励使用节能环保型车辆和新能源汽车、电动汽车。积极推行公交车、出租车"油改气"工作。

(4)推进商贸流通节能减排

加快物流园区建设,有效整合物流资源。在餐饮住宿行业逐步减少、最终取消使用一次性用品,积极开展争创"绿色饭店"活动;在家电销售场所推行节能标志制度;在流通领域抑制商品过度包装;在经营性服务场所广泛推广采用节能、节水、节材型产品和技术,严格执行室内空调温度设置等相关规定,最大限度地节约能源,降低排放。

6.3 案例分析——以赤峰市为例

6.3.1 优化产业结构,抑制高耗能、高排放行业过快发展

产业结构优化是实现低碳发展的主要途径之一。产业结构优化将制约经济发展的路径模式,决定区域温室气体排放的强度。在国民经济中,三次产业生产特征不同,其能耗和碳排放量也不同。以高能耗、高排放为特征的重工业在产业结构中所占的比例越高,CO_2等温室气体排放量越大,国民经济越呈现"高碳"特征;服务业在产业经济中的比例越高,经济发展的"低碳"特征越明显。要实现社会经济低碳转向,须调整三次产业在国民经济中的比例,通过加快淘汰高耗能、高污染的制造业落后生产能力,发掘服务业领域节能减排的巨大潜力,减少碳源;发展生态农业,提高森林覆盖率和草原植被盖度,吸收CO_2,增加碳汇。必须以低碳产业为支撑,转变经济增长方式,推动社会经济从"高增长、高排放"的高碳增长模式向"高增长、低排放"的低碳增长模式转变,实现产业结构优化。

6.3.2 加快低碳工业产业发展,推进资源型产业延伸升级

赤峰市高耗能企业比重偏高,想要在新的约束条件下确保经济的发展,承担起应有的义务,同时更好地利用低碳经济的新市场、新机遇促进自身的发展,实现"低碳发展",需要尽快

调整产业结构,延伸产业链条,提高高新产业附加值,增加低碳产业比重。

（1）大力发展新能源产业

大力发展以风电、太阳能发电、抽水蓄能发电为主的新能源产业。提高非化石能源在能源消费中的比重,达到5%的指标,力争达到国家要求的11.4%的指标。加快建设翁牛特旗、克什克腾旗、松山区等地的大型风电基地,推进光伏电站和抽水蓄能项目建设,着力打造国家新能源基地。建设大唐新能源100万千瓦、大唐罕山40万千瓦、龙源灯笼河40万千瓦、华能书声30万千瓦、华电乌套海30万千瓦等大型风电项目。建设翁牛特旗白音汉1万千瓦、阿鲁科尔沁旗巴拉奇如德1万千瓦光伏电站。建设克什克腾旗芝瑞100万千瓦抽水蓄能电站。"十二五"期间,风电新增装机300万千瓦,达到500万千瓦;抽水蓄能装机达到100万千瓦。

（2）推进资源型产业延伸升级

推广洁净煤技术,鼓励原煤入洗,提高煤炭就地转化利用率。立足区域合作,突出发展煤化工。充分利用周边地区的煤炭资源,在运煤通道与水资源兼备地区布局煤化工产业,重点抓好煤制气、煤制甲醇、煤制尿素、煤基烯烃、煤制乙二醇、褐煤提质等项目建设。延伸天然气深加工、甲醇下游产品加工、煤化工副产品与工业废物综合利用等产业链,建设克什克腾旗大唐煤制天然气项目,年产煤制天然气40亿立方米;巴林右旗煤制烯烃项目,年产煤制烯烃80万吨;巴林右旗煤制甲醇项目,年产甲醇120万吨;元宝山尿素扩建项目,年产尿素由52万吨扩建到130万吨;翁牛特旗乙二醇项目,年产乙二醇20万吨;元宝山褐煤提质项目,年热解提质褐煤500万吨等煤化工产业集群。到2015年,全市煤化工年转化煤炭4000万吨,年实现销售收入500亿元以上,把赤峰市建成国家重要的新型煤化工基地。建设中心城区及部分旗县区城关镇热电联产工程,大力发展集中供热,实施中电投新城区热电厂2×30万千瓦、京能赤峰煤矸石电厂二期2×30万千瓦热电联产项目,力争实现集中供热普及率达到85%。建设大型新型能源电网体系,为周围区域提供清洁能源供应。鼓励平煤集团等大型煤炭企业兼并重组中小企业,提高产业集中度和现代化水平。煤炭年产能保持在3500万吨。

（3）借助资源优势延伸产业链

借助风能、矿产等资源大力发展装备业。以工业园区为载体,加快融入东北、华北及周边地区装备制造业分工协作体系。面向市场需求,发展风机设备、输变电设备、矿山机械、农牧机械、精密零部件、日用五金等制造业。抓好金成重工矿山设备制造、国电风机叶片制造及总装等项目,推动克什克腾旗京城风机总装、翁牛特旗海滨矿山机械制造项目开工建设。到"十二五"期末,全行业实现销售收入150亿元,把赤峰市建成蒙东机械装备制造加工基地。加快推动宁城1500吨多晶硅项目落地实施,确保阳光科技1000吨光伏材料项目投产达效。

（4）整合其他高耗能行业,提高新型企业附加值推动水泥产业整合重组，提高产业集中度，建设水泥生产基地。加快技术进步，鼓励企业研发生产高附加值产品，逐步实现由原材料生产向加工制品转变。引进培育大型企业集团，加快发展节能、环保新型建材产业。积极发展生物产业，培育生物制品综合利用产业链。发展壮大纺织服装、皮毛皮革等劳动密集型产业，提高市场竞争力。

6.3.3 开展低碳城市创建，建设绿色、人文、宜居的生态城市

随着城市人口的不断增长和规模的日益扩大，城市作为经济发展主要推动力的作用日益明显。然而，城市也会消耗大量能源、排放大量温室气体。Koketal（2006）使用投入产出法研究了居民对能源消费和碳排放之间的关系，发现城镇居民碳排放明显高于农村居民。低碳城市建设是城市在经济高速发展的前提下，保持能源消耗和温室气体排放处于较低水平。低碳发展模式不仅能够为城市建设提供一条新的发展路径，而且可以达到减少温室气体排放的目的，为城市发展带来新的机遇。

据彭近新研究，中国城市化每增长1个百分点，可以拉动建设用地增长2个百分点、经济增长6个百分点和碳排放增长8~10个百分点。随着赤峰市城镇化率不断提高，为实现"十二五"期末二氧化碳约束性指标下降17%，积极开展低碳城市创建活动，力争实现全民节能减排、低碳化。

（1）合理规划城市布局

努力建成1个中心城市、2个次中心城市、7个城关镇、34个重点镇的城镇体系。中心城市建成区面积达到100平方公里。中心城区重点发展服务业、高新技术产业和劳动密集型产业，引导高排放、高耗能企业向外围转移。次中心城市突出发展能源化工、食品加工、商贸流通等产业。旗县城关镇和重点小城镇发挥地方优势，因地制宜建设工贸结合型、交通枢纽型、商品集散型、文化旅游型等城镇经济。全市城镇人均道路面积达到12平方米，集中供水普及率85%，供热普及率80%，供气普及率93%，通过开展"国家园林城市"创建，实现建成区人均公共绿地面积9平方米。

（2）推进建筑节能

由于产业机构、消费结构处于高能耗阶段，节能技术水平低，能源管理水平较低，使得中国的能源强度和能源效率明显偏低。中国能源系统效率与国际先进水平相比低近10%，单位建筑面积采暖能耗相当于气候条件相近发达国家的2~3倍。郑思齐发现中国城市家庭的碳排放水平要比美国小很多，中国居民用电和冬季供暖是生活碳排放中的两个最大的组成部分，分别占到总量的39%和43%。全球建筑低碳经验表明：坚持低碳设计，可使建筑物节能达到20%~70%；加强建筑管理，可使建筑物节能10%~30%；建筑物翻修改造，节能效果可达到

25%~50%；实施严格低碳建筑标准，才可能达到大幅降低碳排放的目标。开展建筑节能还可以大幅度降低冬季的采暖能耗。目前新建住房减少碳排放量和能源消耗主要通过减少热量流失、改善加热和照明系统及可再生能源系统的应用等提升能源使用效率的措施。

赤峰市应通过开展绿色建筑行动，全面推进建筑节能。严格执行新建建筑65%节能设计标准，逐步提高建筑节能设计标准水平。推进既有建筑供热计量和节能改造，实施"节能暖房"工程，改造供热老旧管网，实行供热计量收费和能耗定额管理。调整能源消费结构，组织开展太阳能、地热能等可再生能源与建筑一体化应用示范工程，稳步推进以太阳能热水系统为主的可再生能源建筑规模化应用，在条件适宜地区发展工业余热回收供暖、水源热泵供热制冷技术等。在全市所有居住建筑和有生活热水需求并具备安装条件的公共建筑中，强制推广太阳能热水系统。推广使用新型节能建材和再生建材，继续推广使用散装水泥，严禁使用黏土砖。鼓励发展和使用煤矸石砖、粉煤灰砖、加气混凝土砌砖以及各类轻质高强、性能优良的内墙板等新型墙材，"十二五"期末，新型墙材应用比例达到60%以上。到2015年，既有建筑供热计量和节能改造1000万平方米以上。

Ping Jang 和Keith Tovey 分析了中国大型商业建筑低碳可持续发展的机遇，认为中国建筑的能源消耗占国家能源总消耗的1/4，是未来中国可持续发展的一个重要方面。来自北京和上海的9个大型商业建筑的案例研究表明，大型商业建筑每年每平方米建筑消耗153千瓦时电能，是居住建筑消耗量的5倍多，温室气体的排放量是每年每平方米158千克。应强化公共机构新建建筑节能，严格建设项目节能评审，加强建设过程节能监管。开展节约型公共机构示范单位创建活动，到2015年，全市创建示范单位13家以上。充分利用计算机、网络等现代化办公手段，推进无纸化办公。推广再生纸使用，提高办公耗材再利用。建立完善公共机构能源审计、能效公示和能耗定额管理制度，加强能耗监测平台和节能监管体系建设。到2015年，赤峰市完成大型公共机构100栋建筑能源审计、20栋在线监测和10栋节能改造，提升了示范带动效应。在零售业等商贸服务业和旅游业开展节能减排行动，加快节能设施改造，严格用能管理，引导低碳消费行为。宾馆、商厦、写字楼、机场、车站等严格执行夏季、冬季空调温度设置标准。

(3)加强城市照明管理，严格控制过度装饰和亮化

城市照明、亮化也是能源消耗的主要部分。未来应着眼于以"高效、节电、环保为核心"，推广使用高效节能电器、照明产品，提高节能产品在终端的安装使用比重。编制《城市照明专项规划》，实施设计论证、节能运行验收制度，在城市照明建设、改造过程中，推行LED灯、太阳能灯、风光互补灯等节能灯具，构建低碳、绿色、健康的城市照明环境。严格控制景观照明建设规模，严禁过度装饰和亮化。

（4）扩大集中供热覆盖范围

降低城市采暖能耗的另一方面是开展集中供热，降低区域锅炉房和自采暖的比例，提高能源利用效率。供热机组的热电联产综合热效率可达85%，大型汽轮机组的发电热效率一般不超过40%；区域锅炉房的大型供热锅炉的热效率可达80%～90%，而分散的小型锅炉的热效率只有50%～60%。据盘锦市供热办统计，盘锦市供热面积1800万平方米，拆除168座分散小锅炉房，采用集中供热后，节能20%，一个采暖期，还能减少二氧化硫排放1970吨，粉尘排放2200吨。

赤峰市应以"节能优先、大幅度提高能源利用效率"为核心，结合热电联产、集中供热锅炉房改造和建设，通过上大压小，逐步优化热源，提高供热能力，重点城镇供热普及率达到90%。推进供热节能改造，推广工业余热余压利用，改造老旧管网，尽最大限度用能、降低能耗。

（5）调整城市能源结构，大力应用天然气

能源作为人类社会和经济发展的基本条件，历来为世界所瞩目。人类相继经历了以薪柴为主的时代、以煤炭为主的时代，现在天然气又以其低碳、清洁、热值高在越来越多的领域代替煤炭和石油，用于居民生活、工业发电、化工生产等。目前，赤峰市的居民燃料中仍以液化石油气为主，占全市居民用气的90%以上，天然气仅在中心城区应用，年供气50万立方米。要改善人们生活质量和城市大气环境，调整能源结构，优先发展管道天然气是必然趋势。

2011年11月29日，赤峰市政府与中石油辽河油田分公司签署合作协议，中石油计划修建辽宁建平至元宝山区和克什克腾旗煤制气项目至中心城区的天然气长输管道，将极大地改善赤峰的能源结构。翁牛特旗、巴林左旗、阿鲁科尔沁旗、克什克腾旗和林西等旗县也将相继实施管道天然气建设项目。但整体进展缓慢，后续发展急需加快建设进度，一些重点小城镇也应当规划、布局管道天然气，提高清洁能源的比重。实现全市燃气普及率93%以上。

（6）积极推行节能交通工具，提倡绿色出行

奥斯陆气候和环境国际研究中心（OSLO）2007年曾在《美国国家科学院学报》上刊登研究报告称：汽车、轮船、飞机和火车使用燃料所释放的气体是目前造成全球变暖的主要原因之一。报告指出，过去10年全球CO_2排放总量增加了13%，而源自交通工具的碳排放增长率且达25%。欧盟大部分工业领域都做到了成功减排，但交通工具碳排放却在过去10年增长了21%。探索更高效、更节能、更低碳、更清洁的交通运输模式，倡导绿色出行，打造环保交通，有效地消减未来城市道路交通的能源需求和温室气体排放，是建设低碳城市的重要内容。

应积极促进现代综合交通运输体系建设，优化城市交通路网布局，较少客运换乘，推进货运"无缝衔接"体系建设。完善路网结构，提高路面铺装率，加大连接线、断头路、拥挤路

段等薄弱环节的改造力度,提高车辆通行率。加快建设快速公交和城市轨道交通,合理布局交通运营线路。实施城市疏堵技术改造工程,加快建设城市公共交通场站和换乘枢纽,促进公共交通向低能耗交通方式健康发展。支持乘用公共交通,提倡绿色出行。调整运力结构,鼓励低碳环保交通工具的开发和使用,倡导混合燃料汽车、电动汽车、氢气动力车、生物乙醇燃料汽车、太阳能汽车等低排放交通工具。鼓励购买轻型化、节能环保型汽车,推广使用小排量汽车。因地制宜建设天然气汽车加气站,优化能源结构。实行老旧交通运输工具报废、更新制度,基本淘汰老旧出租车。

(7)大力开展创建国家园林城市活动

城市绿化建设不但是城市碳源的主要来源,也是城市品位的重要标志,要创建国家森林城市,塑造宜居、宜业的山水园林城市,城市绿化必不可少。"十一五"期间,赤峰市的城市园林绿化建设取得了一定的成绩,但和市民的需求、创建国家级园林城市的要求还有一定的距离,主要表现在:绿地整体发展不平衡,新城区绿地相对完善,老城区绿地没有系统,人均绿地面积少;部分道路沿线绿带配套建设不足;园林生产绿地不足,苗木储量少;树木品种单一,群落单调;"重建轻管"现象依然存在,养护专业化水平低。

要达到国家园林城市标准,应加快改善城市生态环境建设,发挥园林绿地系统的社会、经济、环境综合效益,创造良好的人居环境。重点建设公园绿地、道路绿化工程,其中市区新增公园绿地396万平方米,新增道路绿化面积113万平方米,城市绿地总面积应达到3844万平方米,绿地率达到31%,绿化覆盖率达到36%,人均公园绿地面积应大于7.5平方米/人。

(8)实施废物资源化利用措施

加强城市、社区再生资源回收利用,构建循环型城市与社区。继续推行"垃圾分类收集、回收利用、综合处理"的措施,探索开展垃圾焚烧发电和供热、填埋气体发电、餐厨废弃物资源化利用。实施可堆腐有机物堆肥,灰土、灰渣生产建筑材料。开展污水、污泥中的余热、废气研究和利用,促进废弃物资源化利用。

6.3.4 大力发展低碳农业,实现富民强市战略

人类的农业生产活动与全球气候变化关系密切。一方面,农业生产活动直接作用于自然环境,伴随着化石能源和大型机械在农业中的应用,以及农民生活水平的不断提高,农业和农村的能源消费迅速增长,农业已成为重要的温室气体来源,IPCC第4次评估报告表明,农业是温室气体的第二大重要来源;另一方面,农业又是天生具有固碳功能的产业,农作物和农田、林地、草地等都能吸收大量的碳。发展低碳农业主要从三个方面着手:一是实现农业低

碳化，尽最大限度减少温室气体的排放；二是植树造林，增加碳汇；三是发展农业低碳经济，促进整个产业的可持续发展。

在减排方面，低碳农业提倡发展农业生物燃料代替化石燃料，如生物燃料作物、作物秸秆等，提倡发展循环农业和立体农业，以减轻农业生产对气候变暖的压力。赤峰还计划通过合理调整村镇布局，加强村庄道路、给排水、电力、通讯等公共设施建设和运营管理，推广使用沼气、太阳能等清洁能源，实施硬化、绿化、美化、亮化工程，改善农村牧区人居环境。加快淘汰老旧农用机具，推广节能农用机械和设备。推进节能型住宅建设，推动省柴节煤灶更新换代。发展户用沼气和大中型沼气，加强运行管理和维护服务。加强农村牧区环境综合整治，80%以上的规模化养殖场和养殖小区配套建设废弃物和废水处理设施。完善农村牧区电网，扩大风光互补系统使用，解决边远牧区、林区供电问题，实现户户通电。实施生态移民工程和农村牧区、林区、垦区危旧房改造工程，引导农牧民逐步向生产条件较好的地区和苏木乡镇所在地集聚。科学制定苏木乡镇村庄建设规划，合理安排县域苏木乡镇建设、嘎查村分布、农田草牧场保护、产业聚集、生态涵养等空间布局，统筹农村牧区生产生活基础设施、服务设施和公益事业建设等，扩大农牧区减排面，增加新能源的应用，实现农牧区生产、生活低碳化。

在固碳方面，坚持"生态立市"战略不动摇，继续实施重点生态工程，认真落实生态补偿政策，严格实施围封禁牧等保护措施，进一步改善生态环境质量。通过植树造林、退化生态系统恢复、加强森林可持续经营、提高林地生产力等能够增加陆地植被和土壤贮碳量的措施，以及城市绿化等提高城市的绿化面积来吸收大气中的二氧化碳。研究表明，每增加1%的森林覆盖率，便可以从大气中吸收固定0.6亿~7.1亿吨碳。森林每生长1立方米木材，约需要吸收1.83吨二氧化碳。到2015年，森林覆盖率增加2.7个百分点，达到36.8%，森林面积达到331.277万公顷，草原植被盖度增加7.6个百分点，达到48%。

在产业经济方面，加大投入，强化基础，优化结构，提高农牧业综合生产能力，提升产业化经营水平，加速农牧业现代化进程，大力发展现代农牧业，抓好百亿斤粮食生产能力、百万亩设施农业、百万头肉牛育肥和千万亩节水灌溉工程，做大做强产业化龙头企业，提高农牧业生产技术装备、规模化生产和社会化服务水平。大力培育木材加工、林下经济、森林沙漠生态旅游、林木种苗花卉等生态低碳产业，促进生态、经济、社会效益相统一。到2015年第一产业增加值年均增长8%左右，现代农业产值达到260亿元。落实草原生态保护补助奖励政策，强化封育禁牧、舍饲圈养、生态移民等保护措施，严厉打击非法开荒、毁林毁草等行为，巩固生态建设成果。坚持用发展的办法保护生态，坚持保护优先和自然恢复为主，坚持点上开发、面上保护，组织实施好各类重点生态工程，健康推动农村牧区人口向城镇和二三产业转移，努力

实现美丽与发展双赢。倡导绿色、低碳、环保、文明、节约的生产和生活方式,保障可持续发展。具体举措:

(1)调整农牧业结构

按照"高产、优质、高效、生态、安全"的要求,稳定粮食作物播种面积,扩大经济作物和饲草料作物种植面积,提高优质高效农作物种植比重,突出发展特色农业、绿色农业和有机农业。创新发展模式,扩大建设规模,引导设施农业向规模化、标准化、品牌化、园区化方向发展。以标准化规模养殖场(小区)和家庭牧场建设为重点,大力发展农区畜牧业,稳定发展现代草原畜牧业。调整畜群畜种结构,加强良种引进和推广,加快发展优质肉牛肉羊,积极发展生猪和禽蛋。大力推进百万吨肉类生产能力建设工程,培育绿色有机品牌。高标准建设现代农牧业示范园、农牧业科技园,发展绿色生态、观光休闲农牧业。因地制宜发展林果和花卉产业,积极扩大水产养殖精养水面。到2015年,全市优质高效农作物种植比重达到75%,设施农业面积达到100万亩以上,农区畜牧业比重达到75%。

(2)主导产业发展

通过实施粮食增产工程、节水改造工程、旱作农业基础能力建设、农牧业机械化和农业科技创新与示范推广等重点项目,增强粮食综合生产能力。到2015年,粮食产量达到50亿公斤。坚持标准化、品牌化、区域化的发展方向,大力发展设施蔬菜和露地蔬菜,扩大蔬菜生产规模,提高绿色有机蔬菜生产比重,建设蒙东最大的蔬菜生产销售集散地。到2015年,全市蔬菜产量达到600万吨。实施"百万头肉牛育肥工程",加大整村推进力度,强化专业村和养殖小区建设。加快良种繁育,改进饲养方式,发展优质肉牛,提高肉牛养殖效益。到2015年,肉牛存栏240万头,出栏育肥牛100万头。按照产业发展与生态保护并重的原则,调整畜群结构,积极发展绵羊养殖,推行舍饲圈养和标准化规模养殖。发挥基础优势,加强基地建设,扩大养殖规模,培育壮大龙头企业,做大家禽产业。

(3)产业化经营

实施龙头企业培育工程。着力培育和引进一批竞争力、带动力强的龙头企业,推进农畜产品精深加工,延伸产业链条。实施品牌带动战略,围绕优势主导产业,打造一批农畜产品名优品牌,提高市场占有率和竞争力。完善龙头企业与农牧户之间风险共担、利益共享的利益联结机制。到2015年,农畜产品集中加工转化率达到70%。

(4)农牧业服务体系建设

加快农牧业技术推广服务网络建设,健全农牧业科技服务体系。完善农畜产品市场体系,促进农畜产品销售和流通,降低运输成本和能耗。建立农村牧区信息服务体系,增强农牧业信息的指导性。加快监测预警、预防控制和检疫监督等系统建设,完善重大动植物疫病防控体系。强化农畜产品质量标准、质量检测,完善农畜产品质量安全体系。加快农牧业气象灾害防御体系建设,预防和减少农牧业损失。加快推进农牧业机械化,扩大农机装备规模,提高农机化服务水平。实施农牧民科技培训和"绿色证书"工程,加强农牧民职业技能和实用技术培训。到2015年,全市农牧业机械综合作业水平达到65%。引导农畜产品深加工企业在贫困地区建设生产基地,发展订单农牧业,增加贫困人口收入。积极开展智力扶贫和职业培训,提高贫困地区群众的科技文化素质和劳动技能,促进劳动力转移就业。对缺乏生存条件地区的贫困人口实施易地扶贫和生态移民,对丧失劳动能力的贫困人口建立救助制度。

6.3.5 提升层次,加快发展现代服务业

服务业是近年来快速发展的一个新兴产业,具有信息化、国际化、规模化、品牌化等优势,以及高成长、高增长、高知识含量与强辐射等产业特征。低碳服务业与传统服务业相比,不仅只是含量高、技术密集,而且还加入了低碳经济理念,要做到绿色环保,减少资源浪费,降低环境污染。一般说来,低碳服务业应当包括低碳服务观念、低碳服务设计、低碳服务耗材、低碳服务产品、低碳服务营销和低碳服务消费等内涵。通过升级改造传统服务业,优化发展生产型服务业和生活性服务业、激励创意产业发展等新兴现代服务业,做大总量、优化结构、完善服务功能,推动集聚发展,增强低碳服务业对经济发展的拉动作用。第三产业增加值年均增长16%左右,到2015年达到740亿元。

(1)传统服务业升级改造

包括从业人员的知识结构升级和传统污染性服务业的绿色改造。一方面,通过传统服务业从业人员的知识更新,提高技术含量和知识素养,并与信息化结合,促进现代服务业向低碳纵深发展,利用信息化、技术化和规模化吸纳就业。另一方面,改造餐饮、旅游、交通等传统意义的高消耗、高排放、高污染的"三高"行业,发展低碳餐饮、低碳旅游、低碳交通,同时逐渐引导消费者养成绿色消费观念,从社会生产生活的各个侧面开展对传统服务业的改造升级。

(2)发展生产型服务业

大力发展生产型服务业,可以促进产业结构的低碳化调整,着力推进跨区域、跨部门、集聚功能强、辐射作用大的现代服务业项目,促进现代制造业与服务业的有机融合、互动发展,提高服务业质量和水平,以实现从工业经济向服务经济的转型升级。

①优先发展现代物流业,提升物流的智能化、专业化、社会化服务水平,大力发展第三方物流。

赤峰市要将自身打造成自治区出区达海的物流枢纽城市和蒙冀辽接壤地区的物流中心,

可通过发挥区位优势，构筑北连俄蒙，东达沈大，南接京津的大物流格局。加强与锦州港、绥中港合作，大力发展公路与铁路集装箱运输，创造条件建设赤峰"陆地港口"，拓展物流业发展空间。培育物流龙头企业和服务品牌，推广现代物流管理技术，发展第三方物流，打造跨地区的交易、仓储、结算、信息平台。加快物流园区、物流节点建设，推动物流业与制造业联动发展。重点打造以中心城区物流园区为主的赤峰物流核心区，扩大规模、丰富业态；推进巴林右旗、巴林左旗、克什克腾旗、宁城等特色物流园区建设，形成专业化、规模化、集约化的现代物流体系。

物流业在低碳经济中占有特殊的地位，主要是由于物流业本身是能源消耗的大户，也是碳排放的大户。据统计，2003年世界范围内来自燃油消费排放的二氧化碳中，交通运输占28%。

受全球化和全球经济发展的影响，全球货物运输发展很快，预计在2002—2020年，物流业务将增长23%。运输行业是排放温室气体的主要行业之一，而且排放量还在不断地增加，占到全球总排放量的14%。另外，燃料成本和税收的不断增加，对于高效物流的需求也越来越迫切。通过智能物流ICT优化秩序，可以在全球范围的运输过程中减排16%，在存储过程中减少27%。以欧洲为例，燃料价格的上涨促进物流公司加速采用基于ICT的节能解决方案，到2020年，总排放量可比基础情况下减少27%。通过更加高效率的商业公路运输，预计获得的潜在积累价值总额将达330亿欧元。在赤峰市开展智能物流，提升物流智能化水平，将极大地提升本市的区域物流中心地位。

②提升改造商贸流通业，推广连锁经营、特许经营等现代经营方式和新型业态。

通过健全多层次商贸网络，重点推进中心城市商圈及旗县大型商贸中心建设。实施"万村千乡市场工程"，开展"农超"对接，提高农牧区连锁经营、物流配送覆盖面。加大社区商业网点建设力度，积极拓展服务领域。建设区域性粮油、蔬菜、花卉等专业批发市场。健全完善农村牧区流通网络和现代经营服务体系，改善消费环境，拉动消费。培育发展住宿餐饮和娱乐业，在中心城市、城关镇和重点旅游区加快星级宾馆及特色餐饮娱乐服务项目建设。支持商贸企业发展连锁经营、物流配送、电子商务、特许经营等流通业态，推进规模化、品牌化、网络化经营。引进国内外高端服务企业及知名品牌，提升商贸服务业档次和水平。

③大力发展科技服务业，鼓励发展专业化的科技研发、技术推广、工业设计和节能服务业，加快产品、服务和管理创新，充分发挥科技对服务业发展的支撑和引领作用。

④规范商务服务业，为企业提供法律咨询、会计审计、工程咨询、认证认可、信用评估、广告会展等精细化服务。

发展项目策划、工程管理、会计审计、法律援助等中介服务，构建运作规范的中介服务体系。鼓励引导全市有竞争力的服务企业参与国内产业链分工,加快服务业外包平台和外包基地建设。发挥区位优势,培育发展会展经济,打造会展品牌。

⑤积极发展信息服务业,加快发展软件业,坚持以信息化带动工业化,完善信息基础设施,发展增值和互联网业务,推进电子商务。

大力发展电子商务,积极发展软件出口、服务外包和高新技术服务业,以电子商务、信息传媒、通信业等为重点,支持发展信息产业。扶持快递业规模化发展。抓好五甲万京信息科技产业园建设,推动电子信息产业加快发展。

⑥加快发展金融服务业,完善金融服务体系,加大金融产品创新,提高投融资能力。

完善金融服务体系,发展银行、证券、保险、信托等各类金融机构。吸引有实力的金融机构来赤峰市开展业务,支持金融企业在旗县区设立分支机构;大力发展小额贷款公司和信用担保机构,推进村镇银行、资金互助社等新型农村金融机构建设。加强信用体系建设,健全银政、银企合作机制和风险补偿机制,加大信贷投放力度,着力解决"存贷差"问题。加快发展基金融资、债券融资以及企业上市融资,提高直接融资规模和比重。积极发展创业投资基金、产业投资基金、城市发展投资基金。改进和拓宽保险业务,开发新险种,扩大覆盖面,完善服务功能。加大金融产品和金融工具创新,提高投融资能力。推动建立赤峰市农村商业银行,打造区域性金融中心。

(3)优化生活性服务业

生活性服务业是与生产性服务业相对应的一个概念,主要指为消费者提供服务产品的服务业,也即最终需求性服务业,它涵盖范围很广,涉及居民日常生活的方方面面,包括文教卫生、商贸流通、旅游休闲、娱乐健身、餐饮住宿、家政服务、洗染服务、市政服务等行业。优化发展生活性服务业就是通过为社会大众提供低碳、环保的服务产品,如面向居民日常生活的便民利民服务,面向社会单位的后勤社会化服务等,促进整个社会形成节约资源、保护环境的良好氛围,形成生态文明的社会生活方式。

应坚持"便民、利民、为民"的方针,加强社区服务中心建设,引导各类投资主体兴办社区服务产业。以市区及人口较多的旗县城关镇为重点,建设完善一批社区服务网络平台和托幼养老、家政服务、医疗保健服务中心,扩大社会化服务覆盖范围;加强农村牧区社区建设,健全社区服务网络。引导社区企事业单位开放服务设施,提高服务资源社会化程度。完善房地产市场服务体系,大力发展房地产二级市场和租赁市场。规范物业管理行为,建立质价相符的物业服务收费机制,推进物业管理社会化、市场化、专业化。

(4)激励文化等创意产业发展

以创意产业为代表的现代文化服务业,资源消耗少,就业机会多,附加值高,发展空间大，是典型的低碳产业。创意产业是文化艺术创意和商品生产的结合，包括表演艺术、电影电视、出版、艺术品及古董市场、音乐、建筑、广告、数码娱乐、电脑软件开发、动画制作、时装及产品设计等行业。创意产业的本质是推崇创新，强调人的创造力。可以看出，创意产业具有污染小、能耗低的特点，符合低碳经济发展的特征。尽管世界各国对创意产业的定义和分类标准有所不同，但都把发展创意产业作为提升产业结构、提高国际综合竞争力的重要手段。

到2015年，赤峰市文化产业增加值占地区生产总值的比重达到5%左右。重点挖掘历史文化，发展创意产业，做大文化品牌，形成以文化创意和文化旅游产业为重点，相关产业协调发展的格局。提升工艺美术、文化旅游、出版印刷等传统文化产业水平，培育发展文化创意、动漫等新型文化业态，壮大文化产业总体实力。依托红山文化、辽文化、蒙元文化资源，创作大型演出和影视剧目，推出体现赤峰特色、富含历史和民族元素的文化产品。积极扩大红山文化节影响力，逐步办成国际性文化节。完善扶持政策，放宽市场准入，培育一批特色鲜明、竞争力强的文化企业集团。加强文化产业载体建设，重点抓好赤峰文化产业园区、巴林石创意文化产业园区、辽上京文化产业示范园区等项目建设，促进文化产业集聚发展。

（5）重点发展低碳旅游业

旅游业既是传统服务业，又是生活性服务业。旅游涉及"行、住、食、游、购、娱、营销、环境"等多个层面，具有响应低碳生活方式、推行碳汇机制、运用低碳技术成果的先天优势，也必然成为实践低碳发展模式的前沿阵地。旅游交通、旅游住宿、旅游餐饮、旅游观光、旅游购物、旅游娱乐、旅游环境等各要素的低碳化发展，实现旅游体验质量的提升和旅游发展水平的进步，最终实现旅游业的可持续发展。

赤峰市具有丰富的旅游资源，草原、沙漠、森林、湖泊、温泉、冰臼、石林等独特地质地貌，还有举世闻名的"红山文化"、草原风情，优质旅游资源100多处，原生态浓厚，可适合大规模开发低碳旅游资源。到2015年，全市旅游业收入达到180亿元，成为第三产业的重要增长点，将赤峰市建成北方草原文化旅游胜地和特异性旅游目的地。搞好基础设施建设，建成一批国内知名的旅游景区和景点。推进区域旅游一体化，加强与国际国内知名旅游企业和旅游城市的联合协作，打造精品旅游线路。以克什克腾旗为核心，以喀喇沁旗、巴林左旗、巴林右旗、翁牛特旗、宁城和市中心城区为支点，构建草原风情、地质奇观、沙漠湿地、休闲度假和历史文化为特色的旅游环线。积极开发乡村旅游、民族文化旅游、冰雪旅游等项目，丰富旅游内容，延长旅游期。深入挖掘文化资源潜力，推动文化与旅游的深度融合，把文化资源大市打造成文化旅游强市。完善旅游服务体系，抓好专业服务人才培训，提高旅游业服务水平。开发一批地域和民族特色突出、附加值高的旅游产品，满足不同层次的旅游消费。加强策划和宣传推介，扩大中国优秀旅游城市、世界地质公园品牌效应，大力开拓客源市场。

6.3.6 加强生态建设，提高碳汇资源

以实施科尔沁、浑善达克两大沙地和西辽河上游水土流失区综合治理为重点，改造荒漠化土地，继续推进京津风沙源治理、"三北"防护林建设、天然林保护、退耕还林等国家重点生态工程，开展碳汇造林试点，加强林业经营及可持续管理，提高森林蓄积量，把赤峰建成中国北方重要生态屏障。按照城区园林化、城郊森林化、道路林荫化的标准实施城区及周边绿化，创建国家森林城市。"十二五"期末，全市森林覆盖率达到36.8%。

加强草原保护建设。在草原牧区落实草畜平衡和禁牧、休牧、划区轮牧等草原保护制度，控制草原载畜量，遏止草原退化。扩大退牧还草工程实施范围，继续实行严格的"围封禁牧""草畜平衡"措施，加强人工饲草地和灌溉草场的建设，落实草原生态保护补助奖励政策，增加草原生态保护和草场建设补贴资金。加强草原灾害防治，提高草原覆盖度。此外，研究还表明，我国草地有机质每增加0.1个百分点，可亩增加草地碳汇1吨。加大自然保护区管理力度，搞好水源地保护。实施沙地沙漠专项保护治理工程，防止沙化面积扩大。对有条件的荒漠化土地实施种树种草计划，建立碳汇项目，在已有荒漠化土地5471.67万亩基础上，实现可利用面积3000万亩，种树1000万亩，种草2000万亩，实现碳汇3000万吨。培育发展生态产业，大力推进林草沙等产业化经营，促进生态效益、经济效益和社会效益的统一。

6.3.7 加强低碳经济体系研究，发挥科技支撑作用

建立低碳经济政策体系与评估机制。全面提高全社会应对气候变化的意识，开展气候变化统计、监测、评估和科学研究，增强农牧业、生态、水利、交通、卫生等领域应对极端气候变化的能力。建立有利于低碳经济发展的投资、财税、价格、政府采购政策体系和评估考核机制。

加快培育低碳经济体系。加强战略规划和试点示范，落实《内蒙古自治区应对气候变化实施方案》，推进低碳经济合理有序发展。研究推动通过国际碳交易项目的方式，获取生态建设资金。建设森林碳汇基地，增强草原碳汇功能，探索建立草原固碳标准体系，培育碳汇交易市场，推动开展碳汇交易。发挥科技对发展低碳经济的支撑作用，加快低碳技术的引进、研发、示范和产业化步伐。倡导循环使用、低碳消费、低碳经营的理念，推行低碳生活方式。

6.4 实施低碳经济的建议

通过调研，对比国内外的低碳经济成熟案例，赤峰市在开展低碳经济方面还应该积极开展以下工作：

（1）成立低碳行动组织机构

成立以市政府为主导的统一低碳城市管理部门，统筹低碳城市建设与节能减排的实施，组织各职能部门，如发改委、财政、国土、环保、规划、建设、交通、公安、农牧业、林业、园林、科技、教育等部门，成立低碳城市建设协调机构，成立低碳城市研究会，推广低碳理念，开展低碳经济发展、低碳城市建设等相关领域研究。通过制定低碳产业的扶持力度，进一步细化建设低碳城市的工作目标、任务和工作重点。各有关部门根据规划分别制定低碳产业、低碳社会、低碳交通等相关专项发展规划，在宏观政策层面上积极引导，加大对低碳产业的扶持力度，降低GDP碳排放强度。优先保证低碳产业项目建设用地。积极争取国家资金、金融机构和社会资金支持低碳重点工程、低碳产品和低碳新技术推广应用。在财政预算内安排低碳城市建设专项资金，用于支持低碳示范工程建设和低碳城市研究相关工作。

（2）制定低碳经济实施方案，落实目标责任

从中国快速工业化与城市化的进程来看，每个地方的经济发展与繁荣增长基本上都伴随着当地环境的恶化。这主要是由于地方政府只顾眼前利益，不惜拼土地、拼资金、拼环境以吸引投资，拉动经济增长，致使很多高污染、高耗能的重工业、资源开发产业也成为一些城市的核心产业，导致经济发展越快、环境破坏越严重的局面。为了提高政绩，有的地方政府甚至成为当地高污染企业的保护伞。

要改进对地方政府的政绩评价体系，制定更为科学的政绩考核制度，尤其应把发展低碳经济工作的成效列为评价和使用干部的重要依据，建立健全低碳经济的工作责任制、问责制和科学考评体系。要加快低碳经济立法进程，建立和完善低碳经济的指标体系、检测体系和环境影响评价制度。

（3）开展低碳城市创建活动，推进城市建设低碳化

将节能减排和建设低碳城市宣传作为重大主题，制定宣传方案，开展宣传活动。通过产业发展、技术交流等途径加大对外宣传力度，在更广范围、更深层次树立低碳城市形象。

政府机关率先垂范，创建低碳型机关，企事业单位、社区等组织开展经常性的低碳宣传，广泛宣传建设低碳城市的重要性和紧迫性，选择一批机关、企业、商厦、社区等，建设低碳宣传教育基地，面向社会开放。主要新闻媒体要在重要版面、重要时段进行系列报道，刊播低碳城市建设公益性广告，形成政府引导、重点工程示范、企业与居民广泛参与的低碳城市建设格局。

坚持用低碳理念指导城市规划编制。加强土地的节约集约化利用，推行"紧凑型"城市规划和建设模式，在城市建筑设计中推广绿色节能建筑技术，推进建筑设计与太阳能光电产品的结合。全面植树造林，增加城市碳汇，加快低碳化社区示范工程建设。

（4）加快经济结构调整，大力发展新能源、高新技术产业和低碳服务业

推进能源结构调整，推动电源结构由单一煤电向煤电、风电、太阳能等可再生能源发电、垃圾和秸秆等生物质能发电并举的方向发展。

构建低碳产业支撑体系，发展壮大本市低碳科技服务业、低碳旅游业等优势服务业。规划建设低碳教育展示场所。发展绿色食品生产和加工业，提高绿色农业比重。

加快低碳技术开发与利用。推进煤的清洁高效利用、可再生能源及新能源、二氧化碳捕获与埋存等节能领域的技术开发与应用。组织实施风力发电、生物质能发电等重大科技示范项目。积极开发工业固体废物、农作物秸秆的高效利用技术，积极推进城乡生活垃圾集中处理和资源化利用，推行"收集—运转—集中处置—资源化"的城乡生活垃圾处理模式。

（5）结合创森工作，改良荒漠化土地，大力植树、种草，提高碳汇资源

以科尔沁、浑善达克两大沙地和西辽河上游水土流失区综合治理为重点，改造荒漠化土地，继续推进京津风沙源治理、"三北"防护林建设、天然林保护、退耕还林等国家重点生态工程，开展碳汇造林试点，加强林业经营及可持续管理，提高森林蓄积量。加强草原保护建设。在草原牧区落实草畜平衡和禁牧、休牧、划区轮牧等草原保护制度，控制草原载畜量，遏止草原退化。扩大退牧还草工程实施范围，继续实行严格的"围封禁牧""草畜平衡"措施，加强人工饲草地和灌溉草场的建设，落实草原生态保护补助奖励政策，增加草原生态保护和草场建设补贴资金。加强草原灾害防治，增加草原碳汇。加大自然保护区管理力度，搞好水源地保护。实施沙地沙漠专项保护治理工程，防止沙化面积扩大。对有条件的荒漠化土地实施种树种草计划，建立碳汇项目。培育发展生态产业，大力推进林草沙等产业化经营，促进生态效益、经济效益和社会效益的统一。

（6）开展绿色低碳经济统计工作

任何事物都有量的规定性和质的规范性。反映一个地区的发展状况，主要还是通过数据来体现。赤峰市统计工作方面，还有一些地方需要改进。比如，全市的营造林面积、居民能源消费状况、总能耗、交通用能、公交车辆、出租车辆、新能源工业经济发展情况等没有统计数据，需要改进。需要健全涵盖全社会的能源生产、流通、消费区域间流入流出及利用效率的统计指标体系和调查体系，对全部耗能单位和污染源进行调查摸底，完善并实施主要温室气体排放统计和监测。

四川利用成都市进行低碳经济发展试验区的契机，跟进统计工作，率先在成都市青白江区开展低碳经济统计试点探索。省、市、区统计局在建立低碳经济工业、建筑、农业、服务业、交通、机关、生活、碳汇统计体系等方面进行了探索和研究，并草拟了《成都市青白江区低碳经济发展评价指标体系》。在指标体系中把低碳经济统计指标与能源及其他相关专业的统计

指标联系起来, 注重协调统计指标、统计监测和考核体系的关系。同时, 在四川低碳经济统计体系的建立中还突出重点领域、低碳技术、循环经济和可再生能源发展的相关统计指标。赤峰市有必要学习和借鉴相关经验。

(7) 增加科技投入, 拓展低碳经济研究工作

气候变化依据成为能源科技发展新的驱动力, 低碳能源技术是能源科技发展的重要方向之一。为降低化石能源消费增长、提高能效, 必须优先开发和选择洁净煤、天然气、可再生能源和新能源技术, 重视可再生能源中的风能、太阳能和生物质能的开发和推广利用, 研究和探索碳捕获和封存技术。制定相应的路线图和实施策略, 坚持自主开发与引进消化结合, 走出一条有自己特色的清洁能源利用道路。国际经验表明, 政府的支持和政策环境是引导能源科技发展方向的最重要因素, 赤峰市应加强需求拉动和政策导向的力度, 加强技术研发体系的系统化布局和创新能力建设, 实现在低碳能源技术方面的突破。

充分重视并利用国际机制加速能源技术引进、吸收、推广和再创新, 要整体规划, 重视技术链条的衔接。同时, 培养一批熟悉国际规则和能源相关技术的专业人才, 抓住时机, 促进先进能源技术的引进和应用, 并与能源技术自主创新相呼应, 形成合力。

(8) 实行区域政策, 对消费者进行政策上的引导和刚性的限制

我国城镇居民生活行为中能量消耗最大的行为是居住, 占到了总能源消费的45.1%, 直接生活用能占26.43%, 食品消费占11.66%, 教育文化娱乐服务占8.37%, 四者共占91.56%。这些行为同时也是最大的碳排放行为, 分别占城镇居民生活行为二氧化碳排放的43.82%、24.47%、12.85%、9.74%, 共占90.88%。由此可以看出, 我国居民消费结构是不合理的, 应该减少生活行为浪费, 这样, 低碳消费才能实现。

政府应该建立一套与低碳消费模式相关的区域性试点法规政策, 为低碳消费作出制度保障。

首先, 政府出台相应的区域性政策对严重破坏自然环境、严重浪费资源的高碳消费行为予以制止和取缔, 对消费者低碳消费给予刚性约束, 这样取得的效果必然好于人们自发的低碳行为。例如, 加快低碳建筑的节能评级, 对低碳建筑开发商进行减税鼓励措施, 对购买低碳建筑消费者提供优惠的贷款和相应的补贴。

其次, 针对我国的低碳技术还不成熟, 低碳产品价格一般会高于普通产品价格的实际, 政府应出台相应的政策, 对低碳产品的生产和消费提供税收、贷款、补贴和政府优先采购等多方面的优惠, 在刺激低碳产品生产的同时, 鼓励低碳产品的消费, 并减少消费者因使用低碳产品而增长的开支。

再次, 政府本身要积极主动地实行低碳消费, 将低碳消费模式以 "精细化" 管理方法进

行具体落实,并建立目标考核制度。对旗县区各级政府的绩效评比加入低碳经济发展水平这个项目,增加低碳考核指标,加强各级政府对低碳经济的关注度,从而刺激低碳消费的推广。

另外,应加大既有建筑改造力度,要循环利用材料,减少不必要的浪费。

(9)普及低碳知识,开展全民节能降耗活动,促进低碳消费

消费者对低碳产品的认知也是影响消费者行为的重要因素。当消费者对低碳产品没有足够的认识,对其功能和优点缺乏正确的了解时,低碳产品将无法得到更大范围的推广。

媒体和社会组织需引导消费者低碳消费,提高消费者低碳消费意识及对低碳知识的认知,以达到促进调整消费者消费结构的目的。要充分利用传媒介质宣传低碳消费的各种日常行为,倡导消费者要摒弃“面子消费”“炫耀性消费”,出行多使用公共交通工具,追求健康的饮食习惯,倡导消费者要成为一个有社会责任感的公民,告诉大家每个人对保护地球环境有着义不容辞的责任,告诉消费者低碳消费是一个人有素养的表现等。通过这些途径不断宣传,来提高消费者低碳消费的意识,让居民养成健康的生活习惯,低能耗、低污染、低浪费,才能做到可持续消费。

低碳经济是区域可持续发展的必由之路。不同的区域,特点不同,资源和经济结构不同,决定了低碳经济的发展方式不同。只有结合本地特色,借鉴先进成熟的经验,取长补短,才能逐渐形成具有区域特色的、稳定的低碳经济发展方式,最终实现低碳发展目标。

第7章 生态文明建设设想与展望

综合国外大城市成功的治理经验，不外乎几种手段：一是政治手段，政府大力推动新能源汽车、公共交通和绿色交通；二是法律手段，通过严格监管，强制督促实施环保方案；三是经济手段，如通过排污权交易节能减排；四是环境手段，如搞绿化、多种树。

同时，国内外很多大城市的发展经验显示，城市发展到一定程度，就可能出现衰退，特别是资源型城市依靠自身的力量转型非常艰难，转型过程中，依靠土地财政势必会导致房地产泡沫的膨大，这一点国内的资源型城市先行经验已经得到了验证，绝对是一种饮鸩止渴的短视行为。对于资源型城市比较集中的地区更应该结合自己的特色，发展整个区域经济，这样既能避免城市与郊区之间、城市与城市之间的竞争，也能加强区域整体的竞争力。

7.1 提高城市人文素质

7.1.1 积极培养生态公民

具有生态文明意识且积极致力于生态文明建设的现代公民就是生态公民。生态公民是建设生态文明的主体基础。作为生态文明的建设主体，生态公民具有四个显著特征：

（1）生态公民是具有环境人权意识的公民

强调个人权利的优先性和国家对于个人权利的保护是现代公民意识的本质特征。拥有公民身份即意味着拥有获得某些基本权利的资格。由于现代社会的每一个人都是基本权利的合法拥有者，因而，公民的基本权利又被称为人权。人权的范围是逐步扩展的。在当代，环境是人权的重要内容。

20世纪70年代，生态环境的恶化日益威胁着人类的健康和生存质量，环境人权于是开始引起人们的注意。1970年，在日本东京举行的"公害问题国际座谈会"发表《东京宣言》，首次建议把"人人享有不损害其健康和福利之环境的权利"作为一种基本人权在法律体系中确定下来。1972年，联合国第一次人类环境会议通过的《人类环境宣言》明确指出："人类有权在一种能够过有尊严的和福利的生活环境中，享有自由、平等和充足的生活条件的基本权利。"次年，欧洲人权会议制定的《欧洲自然资源人权草案》也将环境权作为新的人权加以确立。1987年，联合国环境与发展委员会提交的《环境保护与可持续发展的法律原则》再次确认：

"全人类对能满足其健康和福利的环境拥有基本的权利。"20世纪90年代后期以来，随着环境意识在全球范围的普遍觉醒，环境人权已经成为一项得到绝大多数人认可的道德共识，并逐渐被落实到有关环境保护的国际法以及许多国家的宪法和法律之中。

作为一项全新的权利，环境人权主要由实质性的环境人权与程序性的环境人权所构成。实质性的环境人权主要包含两项合理诉求：一是每个人都有权获得能够满足其基本需要的环境善物（如清洁的空气和饮用水、有利于身心健康的居住环境等），二是每个人都有权不遭受危害其生存和基本健康的环境恶物（环境污染、环境风险等）的伤害。程序性的环境人权主要由环境知情权（即知晓环境状况的权利）和环境参与权（即参与环境保护的权利）两部分组成。明确认可并积极保护自己和他人的环境人权，是生态公民的首要特征。

（2）生态公民是具有责任意识和良好美德的公民

生态公民不是只知向他人和国家要求权利的消极公民，而是主动承担并履行相关义务的积极公民。《人类环境宣言》在肯定人类对满足其基本需求的环境拥有权利的同时明确指出，人类"负有保护和改善这一代和将来的世世代代的环境的庄严责任"。维护公共利益（特别是生态公共利益）是生态公民之责任意识的核心。从形式上看，生态公民负有的特定义务有三类：一是遵守已经确立的环境法规，二是推动政府制定相关的环境法规，三是在公共生活与私人生活中主动实践生态文明的各项规范。从其性质上看，生态公民负有的义务具有非契约性（不基于公民之间的利益博弈）、非相互性（对后代的义务不以后代的回报为前提）、差异性（那些对环境损害较大的人负有较多的义务）等特征。

生态公民还是具有良好美德的公民。现代社会的环境危机与公民个人的行为密不可分。单个地看，公民的许多行为（如高消费）既不违法，也不会对环境构成伤害。但是，这些看似无害的行为累积在一起，却导致了资源的枯竭和环境的污染。公民如何约束自己的这类行为，主要取决于公民自身的道德修养。公共领域与私人领域的分离是现代社会的重要特征。但是，公民在私人领域的生活方式却会对生态环境产生影响。公民的消费方式对商家是否选择资源节约型的生产方式有着重要的导向作用。因此，对于环境保护来说，公民的消费美德以及私人领域的其他美德（如节俭）都是至关重要的。此外，政府的环保措施是优先的，环保法规的制定具有滞后性，在这种情况下，公民需要采取主动行为，积极参与环保事业。这种参与主要有两种方式：一是以志愿者的身份积极参与各种民间环保活动，二是推动政府加快环保立法。无论采取哪种方式，都离不开美德的支撑。

因此，在创建生态文明的过程中，现代公民不仅需要具备传统公民理论所倡导的守法、宽容、正直、相互尊重、独立、勇敢等"消极美德"，还需具备现代公民理论所倡导的正义感、关怀、同情、团结、忠诚、节俭、自省等"积极美德"。其中，关心全球生态系统的完整、稳定与美丽是生态公民最重要的美德之一。生态公民的这些美德是生态文明的制度体系得以创建的前提，也是这些制度体系得以良性运行的润滑剂。公民如果不能养成与生态文明相适应的美德，生态文明即使能够建立起来，也难以长久地保持下去。

（3）生态公民是具有世界主义理念的公民

现代社会的环境问题大都具有全球性质，环境问题的根源具有全球性。许多国家（特别是弱小的发展中国家）的环境问题大都是由不公正的国际政治经济秩序引起的。发达国家的消费取向和外交政策往往对发展中国家的环境状况造成严重的负面影响。环境污染没有国界，任何一个国家都不可能单独依靠自己的力量来应对全球环境恶化所带来的挑战（如全球气候变暖）。没有其他国家的配合与协作，单个国家的环保努力不是劳而无功就是事倍功半。因此，全球环境问题的解决必须采取全球治理的模式，生态文明建设必须在全球范围同步展开。

生态公民清醒地意识到环境问题的全球性以及生态文明建设的全球维度，他们不再把国家或民族的边界视为权利和责任的边界，而是在世界主义理念的引导下积极地参与全球范围的环境保护。世界主义反对狭隘的民族主义，强调人类之间的团结、平等和相互关心，凸显对全人类的认同和世界公民身份的重要性。具有世界主义理念的生态公民不仅关心本国的环境保护和生态文明建设，而且积极地关心和维护其他国家之公民的环境人权，自觉地履行自己作为世界公民的义务和责任，一方面积极推动本国政府参与全球范围的环境保护，另一方面又直接参与各种全球环境非政府组织的环保活动，致力于全球生态文明的建设。

（4）生态公民是具有生态意识的公民

健全的生态意识是准确的生态科学知识和正确的生态价值观的统一。生态科学知识是生态意识的科学基础，生态价值观是生态意识的灵魂。只有树立了正确的生态价值观，人们才会有足够的道德动力去采取行动，自觉地把生态科学知识应用于生态文明建设。

整体思维和尊重自然是现代生态意识的两个重要特征。整体思维要求人们从整体的角度来理解环境问题的复杂性。环境问题不是单纯的技术问题，不能单纯依赖技术路径。环境问题的解决离不开政治和经济的制度创新，更需要人们的价值观和生活方式的相应变革。环境问题也不是单纯的环境破坏问题，它与贫困问题、和平问题、发展问题等密不可分。环境问题与其他社会问题构成了复杂的"问题群"，对于这个问题群，必须采取综合治理措施。环境保护所涉及的也不仅仅是人与自然关系的调整，而是涉及当代人之间以及当代人与后代人之间关系的调整。只有同时调整好这三种关系，环境问题才能从根本上得到解决。整体思维还要求我们充分意识到，生态系统是一个有机整体，它的各部分之间保持着复杂的有机联系。人类对生态系统之整体性、变化性与复杂性的认识和了解是有限的。因此，人类在干预自然生态系统时,必须遵循审慎和风险最小化原则,要为后代人的选择留下足够的安全空间。

尊重自然是现代生态意识的重要内容,也是生态文明的重要价值理念。自然是人类文明的根基,脱离自然的文明是没有前途的。人类依赖自然提供的空气、水、土壤和各种动植物资源而生存,神奇而美丽的自然还能抚慰人类心灵的创伤,提升人类的精神境界,满足人类的求知和欲望。对于这样一个养育了人类的自然,现代公民理应怀有感激和赞美之情。

尊重自然的基本要求是尊重并维护自然的完整、稳定与美丽。尊重自然的前提是认可人与自然的平等地位,既不对自然顶礼膜拜,也不把自然视为人类的臣民和征服对象,而是把自然当作人类的合作伙伴。尊重自然的理念与环境人权并不矛盾。人们对之享有权利的对象不是自然本身,而是自然的部分构成要素以及自然提供的部分“生态服务”。作为整体的自然不是任何人的财产,不属于任何人。因此,对环境人权的强调并不意味着人类是自然的所有者。相反,人类只有首先尊重自然,保护了自然的完整、稳定和美丽,环境人权才能最终得到实现。

总之,具有上述特征的生态公民是生态文明的建设主体,是生态文明的制度体系得以建立并正常运转的前提条件。在建设生态文明的过程中,我们必须把生态公民的培养当作一项重要的战略任务加以重视。

7.1.2　提高低碳意识

政府机关要率先垂范,开展创建低碳型机关活动。教育部门要把节约资源和保护环境及低碳城市建设内容渗透到各级各类学校的教育教学中,从小培养青少年的节约、环保和低碳意识。企事业单位、社区等要组织开展经常性的低碳宣传,广泛宣传建设低碳城市的重要性、紧迫性。开展低碳(绿色)机关、社区、学校、医院、饭店、家庭等创建活动。选择一批先进机关、企业、商厦、社区等,建设低碳宣传教育基地,面向社会开放。

7.2　树立低碳理念,建设低碳社会

理念是行动的先导。低碳、生态文明的理念形成是发展低碳经济、实现城市生态文明建设的基础。要形成以城市为核心、工业集约发展、服务贸易业发达、城乡一体化发展的现代区域格局,发挥城市在生态文明建设中的支撑和示范作用,理念创新是必不可少的。

(1)生活方式低碳化,公共事业先行

采购低碳产品,鼓励低碳消费,推行绿色消费模式。各地政府要率先垂范、先行一步,优先采购节能和环保标志产品,推广高效节能家电及办公设备,大力采用节能型灯具、高效节电新光源和节电控制装置,加快节约型、环保型政府建设。在城市交通系统中开辟非机动车

专用装置,规划发展遍布城市的自行车租借系统,鼓励以步行和使用非机动车出行。优先发展城市公共交通,推进城市轻轨和地铁快速轨道交通建设,大力建设发展电动和混合动力公共交通工具。在建筑设计上引入低碳理念,大力开发绿色节能环保建筑,还要有计划地对城市现有居民住宅实施节能、保温技术改造,尽快形成低碳绿色的生活方式和消费模式,切实控制温室气体排放,保护改善生态环境,不断提高经济运行质量和水平,增强经济社会可持续发展能力。

(2)建设责任政府,积极控制污染

过去30年,中国改革本身就是在不同地方转型模式的相互砥砺和竞争中萌发的。地方政府改革,实际上都旨在解决同一问题,即政府的负责性问题。如果说政府的"赋权"解决权力来源问题,而负责性则解决治理的效率问题。负责性是现代政府治理的关键钥匙。

负责性体现的是,政府对社会期望的反应程度,以及对治理效果所承担的责任。政府的责任性就像一座桥梁,确立的是现代政府与社会之间的紧密联系。政府要按社会的期望制定治理目标,并根据治理的绩效接受社会问责。从根本意义上讲,负责性的建立是现代政府之所以提高治理效率的源泉所在。

政府作为最主要的公共事务管理者,应该承担起建立低碳消费模式的引导者。通过调研发现,产品本身价值的大小,产品的功用及外形,品质是否有保障,产品性价比是否比其他产品更高,低碳产品的价格是否可以让消费者接受等都影响着消费者的购买决策。政府通过出台相关政策鼓励企业积极开发低碳产品,加大技术创新的投入力度并提供低碳产品的服务,只有这样,当低碳技术水平发展到了一定的成熟阶段后,相应的低碳产品的质量才会得到提升,成本才会得到降低,低碳产品在市场上才会有和普通产品竞争的优势。

坚持由政府引导,通过各种有效形式来培养全民低碳意识,营造低碳消费文化氛围。政府可通过各种通俗易懂、丰富多彩的宣传,影响公众行为,促使他们接受新的消费理念和生活方式。

7.3 改变垃圾处理方式,综合利用垃圾

放弃填埋,拒绝焚烧,走垃圾资源化之路,是挽救全球垃圾危机的必由之路,也是一条按循环经济思路发展起来的科学决策。即垃圾不落地,分好类送到各类垃圾处理点上,作为再生资源换取经济效益。实际上,生活垃圾中的餐厨成分占50%~70%,可用于制造肥料,回归自然;塑料成分约占10%,可加工成各类建材等;最后难以利用的剩余物有机部分及那些较大型的旧家具、织物类等(一般在10%左右),可热解气化,旧家电类送回厂家回收。上述各环节

的处理技术正在趋于成熟。实践证明,垃圾填埋场的两大弊病日益突出:占地面积大,环境污染重。研究表明,被称作"地球的毒瘤"的填埋场,即便是就地封地绿化,也将是一颗定时炸弹。

中国是世界上垃圾包袱最重的国家。据相关统计,全世界每年产生4.9亿吨垃圾,而中国就占到了近1.6亿吨,垃圾年增长率已超过10%。中国现有700多亿吨垃圾包围着大中小城市和乡镇,占地5亿多平方米,面积相当于九个多北京主城区(按二环以内计),并且仍在以每年占地约3000多万平方米的速度发展着。全国几乎所有城镇均陷入垃圾重围之中,形成了"垃圾包围人群"之态势,大中城镇呈现无处可埋之紧迫感。大型垃圾填埋场周围多有大气、水和土壤的三重污染。填埋的垃圾经分解产生的气体中含有大量硫化氢、甲基汞等污染物。垃圾填埋场在雨水的淋沥作用下,还会逐渐渗入地基层,进入到土壤和地下水中。有不少大型垃圾填埋场周围地下水已经不能饮用。当垃圾渗滤液进入土壤后,增加了土壤中的毒性成分,会逐渐导致土壤盐碱化、毒化和废毁,从而无法耕种。垃圾处理区周围树木中的重金属含量都比较高,而垃圾厂附近土壤里大量的重金属元素会明显影响作物的代谢过程,且使农作物含有土壤中的污染物,最终进入食物链中去。

中国生活垃圾热值低、水分含量高的特点,也是较易产生二噁英的原因。垃圾"无害化处理",弃简单填埋转为焚烧,只能说是两害相权取其轻。真正的解决之道是,垃圾资源化回收。如餐饮场所和单位食堂产生的餐厨垃圾,在当地餐厨垃圾场建成后,可统一进行沼气化利用。

垃圾填埋气精制天然气大有前景。温州杨府山垃圾填埋场建成了一个利用垃圾产生的填埋气进行生产示范性项目,耗资1200万元,于2012年建成,设计有效出产期五年。杨府山垃圾填埋场每天产生的沼气量可达1.2万立方米左右,精制后有6000立方米天然气。若垃圾填埋气用于发电,净收益为178万元/年;用于生产精制天然气,净收益翻倍,还可以降低碳排放量。

无论发电,还是精制天然气,都要建立在垃圾分类的基础上。目前,我国许多地方鼓励焚烧,事实上不管是焚烧还是填埋,都是末端处理的方式。源头上不解决垃圾管理分类,不管建设多少填埋场和焚烧发电厂,都解决不了问题。

北欧国家已运用零废弃的垃圾思路。零废弃不是说一点废弃物不产生,而是尽量少地产生,即最少化的末端处理,追求最大化降低影响。欧洲一些国家从源头上治理垃圾,不断出台法规来约束,且控制垃圾填埋与焚烧,使其比例逐渐降低。把垃圾细分为九种:湿垃圾、有毒有害物、玻璃、塑料包装、塑料瓶易拉罐、旧衣服、利乐包、过期药品和其他垃圾。

加大宣传,努力倡导,主动引入公益组织帮助,自主实施垃圾分类。上海专业从事生活垃圾分类推广的公益组织"爱芬环保科技咨询服务中心",通过"陪伴"的方式,培育出垃圾分类明星小区。从一开始给居民发家用分类垃圾桶和分类资料,与每个来领东西的居民面对面交流,教他们怎么分类,同时也询问他们有什么困难,全方位提供帮助。爱芬环保在社区中建立了一个志愿者服务体系,每天派两名志愿者值班,巡查居民有没有做到分类,以及教授分类知识。对于平常较少出现在小区的年轻人群,则以信件进行交流。

垃圾分类很大程度上依靠的是邻里之间的相互影响,以及居委会、业委会的工作能力。如果能够投入大量人力和精力,长期深入社区,即使再大的居住社区,都可以成功推行垃圾分类制度。根据《上海市餐厨垃圾处理管理办法》,餐厨垃圾产生单位应当每年申报餐厨垃圾种类和产生量,并根据申报量由有资质企业单独收运。厨余垃圾产生单位需付收运处置费,标准容量60升一桶,每桶60元。

居民生活垃圾是另一个令人头疼的难题。目前各地进行的垃圾分类尝试,多与上海类似,即将有害垃圾、厨余垃圾从混合的垃圾中分离出来。"有害垃圾一定要分离出来,因为不论哪种处置方式有害垃圾都有影响。"环保组织"自然之友"在对北京垃圾分类试点小区调研中发现,仅有24%的居民对于厨余垃圾的认知完全正确。在240个厨余垃圾桶中,仅有1%投放的是完全分开的厨余垃圾,39%是完全未经分类的混合垃圾。居民习惯的养成和固化是长期过程。目前,二次分拣还是必不可少的补充环节。基本上各个小区都建立了一个二次分拣的机制,主要是通过保洁员对垃圾进行二次分拣,来确定分类实效。上海静安区绿化市容管理局与从事餐厨垃圾处理方有个基本共识,就是在报预算时,把利润算进去,让你赚钱,但监督你的一举一动,做不好不给你,就白投资了。

有害垃圾主要为玻璃和电池两大类,在上海分别被送往远郊的两个专用填埋场进行填埋。但填埋并不能杜绝电池中的有害物质渗漏对土壤和水环境的影响,况且可供填埋的土地有限。各地的市容环卫系统因为担负着垃圾减量的重压,是推广垃圾分类处理最积极的政府部门。然而,"自然之友"城市固废组成员张凯对北京的垃圾分类试点小区长期跟踪发现,环卫工作人员多数也是混装垃圾,并未进行专业分类;转运至几个小区共用的垃圾楼后,一般只进行初步的压缩和包装。比如,一个垃圾楼共容纳四个小区的垃圾,其中,有一个是分类试点小区,其他三个小区都是混合垃圾,而最后,环卫公司运输垃圾的人员会将四个小区的垃圾放到一起,于是又成了"混合垃圾"。

垃圾处理链条至少涉及规划、市政、环保、城管、国资、工商、城建等多个部门,减量化需要整个链条上所有部门通力配合。由于不用担责,政府其他部门对垃圾分类并没有兴趣,在垃圾分类上的投入还是浮于表面,"就是开个会,做个海报,或者拍个宣传片"。从部门关系上,主管垃圾的市容环卫部门与其他部门平级,很难协调工作,甚至调动一个区的街道。财政对垃圾分类的投入也较少。中国对垃圾处理的投入,"95%用于末端,而前端废弃、分类、回收、储运、管理、再利用工作远远没有到位"。

上海2012年建立了上海市生活垃圾分类减量推进工作联席会议办公室, 着力于研究以激励为主要方向, 鼓励居民更好参与"绿色账户"机制。这一机制以参与生活垃圾分类的单位和个人可积分、兑换的形式, 给予其一定的精神和物质奖励。这些奖励可以转化为物品、精神奖励称号, 甚至货币。最终设想就是希望居民通过垃圾分类, 不仅能感受到环境的变化, 也能有经济效益。垃圾分类是涉及全社会、与人人相关的工作, 必须要有相关法律法规与政策支持, 要围绕垃圾分类建立起相关体系。

7.4　调整森林经营方式

森林是陆地生物圈最重要的组成部分, 而水是生态系统中最活跃的环境因子, 在许多情况下还是限制因子。同时, 森林和水是人类生存的两大重要资源, 是一个国家经济发展、社会繁荣的基础。

7.4.1　水在森林体系中的作用

水资源危机水平可采用水需求和水供给的比值来评价。全球存在水胁迫的地区主要分布在干旱和半干旱地区。水胁迫普遍存在, 这一情况在中东和印度等地区比较突出, 这些地区人口相对较多, 导致水资源供应紧张。中国北方地区区域性水资源胁迫较高, 人均占有水量远远低于联合国设定的警戒线。水是控制生态系统过程和功能的关键因素, 许多综合性的生态系统模型都把水文循环作为主要成分。事实上, 国际上许多优秀的长期生态试验站, 如美国的Coweeta 和Hubard Brooks 都是从水分循环研究开始的。提供稳定的水量和良好的水质是森林流域生态系统服务功能的基础(魏小华和孙阁, 2009), 而流域生态系统服务功能保证了其他生态系统服务功能(如碳汇)的实现(Sun G, Caldwell P)。

水常常是影响可持续发展的关键性限制因子。水多、水少、水质好坏都是水资源管理关心的问题。尤其是在干旱半干旱地区, 比如中国华北地区, 已经出现了严重的农业和生活用水短缺现象。

由于人类活动较少, 森林流域提供的水质最佳, 水源地一般都在海拔高、降水量大、森林覆盖度好的山区。据估算, 美国森林覆盖率为30%, 其中50%的水源都来自这些森林地区(Brown T C, Hobbins M T and Ramirez J A.)。美国从20世纪初就非常有远见地颁布了森林保护法律, 目的是给后代提供充足的木材和水资源。而中国真正重视森林经营和保护是在1998年洪水发生后才开始, 整整落后了一个世纪。

7.4.2 提高森林覆盖率的必要性分析

气候变化直接或间接影响着水的供给和需求情况（气候变化的同时，水文也在变化）。赤峰地区地表流域径流变化也受到气候变化的严重影响，主要体现在雪盖融化期变化、树木死亡、病虫害和疾病增加等。

另外，人口的增长及城镇化进程的加快带来了城市的变化（超市、大型购物中心和住房面积增加）和土地利用变化等引发了一系列生态和社会问题。根据美国1981—2000年人口普查资料对未来人口变化进行的预测，2001—2020年美国西部地区和佛罗里达州等地区增长幅度较大，人口的快速增长对水资源供给提出了严峻的挑战，在大城市压力指数增加更加明显。

相对于美国，中国面临的一个直接问题是较低的森林覆盖率。中国国家林业局2009年11月发布的第七次全国森林资源清查（2004—2008）结果显示，全国森林面积为1.95亿公顷，森林覆盖率为20.36%，其中人工林保存面积为0.62亿公顷，为世界首位。虽然森林覆盖率在逐年提高，但森林真正发挥其生态与环境效益，通常要在数十年甚至百年之后。这次清查同时包含了中国森林生态效益定量调查，仅固碳释氧、涵养水源、保育土壤、净化大气环境、积累营养物质及生物多样性保护等6项生态服务功能年价值达10.01万亿元。可以看出，中国森林经营目的已经发生改变，不仅仅是为提供木材，更多关注的是森林涵养水源、固碳释氧和保护生态环境等生态和社会效益。

中国面临着严重的水资源危机，典型的水生态问题包括：水土流失面积大，遍布全国大中小城市，农村地区的水污染有加重的趋势。还有干旱和半干旱地区水资源短缺问题，以及非干旱区的季节性水短缺问题、洪涝问题，再有就是贫穷问题。如何处理好吃饭和环境保护之间的关系等很多课题，都有待探索。我们的母亲河黄河时有干涸，入海径流在2000年断流天数最多超过了200天（Zhang et al., 2008a, 2008b）。黄河变干，主要是受人为影响，上游用水增多等使下游来水减少。

7.4.3 气候变化对森林水资源的影响

全球气温在升高（尤其是最近30年来）是一个不争的事实。最新气候观测数据显示，2000—2009年是19世纪80年代有气温记录以来最热的10年。据国际气候变化权威机构IPCC（http://www.ipcc.ch）预测，由于受人类活动的影响，到21世纪末，全球平均气温将再升高1.0~3.6℃。但这还不是气候变化的全部内涵，温度升高还伴随着气候的其他变量在空间上的变化，主要表现在：①大气层底层温度升高，大气层上层温度降低；②两极地区比赤道附近温度升高得快；③陆地比海洋温度升高得快；④冬季比夏季温度升高得快；⑤夜晚比白天温度升高得快；⑥水文循环加快使高纬度地区降水增加,而亚热带地区降水减少。

气候变异增加,表现为大暴雨增多,历时增加,无雨或小雨的日子也增多,干旱程度增强。未来气候变化和其他胁迫因素,如CO_2、CH_4、NO_x、O_3等温室气体浓度增加,以及土地利用变化、海平面上升、外来物种入侵等都会直接或间接影响包括森林水资源在内的森林生态系统功能。

随着中国国力增强,人民生活质量不断提高,人们对森林功能(如碳汇、改善环境等)的认识增强,当前中国林业进入了全面发展的黄金时期。为减少二氧化碳净排放,对缓解气候变化做出自己的贡献,中国已承诺要在今后10年增加林地面积4000万公顷,每年全民植树两亿多棵。这样大规模的造林活动举世瞩目,建立在科学基础上的营林理念就更显重要。

表7-1　气候变化对森林水资源和流域生态系统服务功能的影响

气候变化类型	影响区域	生态系统的响应	对生态系统服务功能的影响
气温升高	高海拔、高纬度及内陆区域升温最大,沿海地区升温最低	蒸发量增加,总河川径流量减少,减少季节性河流径流历时。由于火灾、洪灾、崩塌等大的干扰造成的水土流失增加。湖水温度增加,地表水生产力增加,土壤有机质分解速率增加,年内土壤变干时间提前	对水生生境,尤其是冷水鱼类环境产生不良影响。水供应量和质量降低。饮用水水处理费用增加。水库蓄水量减少。冷水水生栖息地减少,温水水生生境增加。灌溉用水需求增加
频率高、时间长的干旱	区域变异性大	夏季气温高、土壤湿度低、大的火灾发生频率增加、森林死亡,降低了植被覆盖率,短期内增加了产水量,容易导致水灾。河流中大的倒木短期增加,但长期来看,呈减少趋势。减少了地下水补给	降低了自然洪水调节功能,对基础设施和发达地区造成危害。土壤生产力下降。干扰了文化娱乐活动。有毒的蓝绿藻类在湖泊和水库中出现频率增加。改变了溪流和湖泊养分输入和自循环。地下水的枯竭增强
降水频率和季节的改变	多雨和高纬度地区变得潮湿,干燥和低纬度地区变得干燥。夏季降水在一些地区可能增加,而在另外一些地区则可能下降	改变径流格局和总量,并改变河道的形状,同时影响径流的洪峰流量和泥沙量。干旱严重程度发生变化,植被也因此发生变化。而且,改变土壤侵蚀率和地下水补给率,河流基流相应发生变化	增加或减少水供应。与水沙变化相关的水质变化复杂。增加或减少水电发电能力。生态变化随土壤、溪流、湖泊和湿地水量变化而变化

要科学认识森林植被的生态学作用,既不能忽视,也不能片面夸大。忽视森林的水文作用,必然导致"穷山恶水";而过分夸大森林的水文调节作用,也会在生产上适得其反。如在中国西北地区,片面强调植树的作用,从而出现"土壤干化"和"小老树"现象,不仅没有达到植被恢复的生态学目的,还会造成新的水土流失。人们已逐渐认识到,造林不等于造水,造林

不等于修建绿色水库；再造林可能会减少土壤侵蚀，但对大的洪水影响有限；在降水充沛的地区，自然恢复可能是重建生态系统最好的方法。气候变化为森林经营、实现森林的生态效益提出了严峻挑战。中国的森林多为中幼林，人工植被占主导植被类型，对气候变化引起的极端土壤干旱、病虫害扩散的适应性较差，未来的森林经营中有关树种组成、植树密度、营林目标都要有所调整。要想成功实现恢复森林生态系统的结构，最大限度发挥森林的多重服务功能，不同尺度生态水文规律必须得到尊重。

7.5 生态文明建设的展望

（1）优化国土空间开发格局

国土是生态文明建设的空间载体，必须珍惜每一寸国土。要按照人口资源环境相均衡、经济社会生态效益相统一的原则，控制开发强度，调整空间结构，促进生产空间集约高效、生活空间宜居适度、生态空间山清水秀，给自然留下更多修复空间，给农业留下更多良田，给子孙后代留下天蓝、地绿、水净的美好家园。加快实施主体功能区战略，推动各地区严格按照主体功能定位发展，构建科学合理的城市化格局、农业发展格局、生态安全格局。提高海洋资源开发能力，发展海洋经济，保护海洋生态环境。

（2）全面促进资源节约

节约资源是保护生态环境的根本之策。要节约利用资源，推动资源利用方式根本转变，加强全过程节约管理，大幅降低能源、水、土地消耗强度，提高利用效率和效益。推动能源生产和消费革命，控制能源消费总量，加强节能降耗，支持节能低碳产业和新能源、可再生能源发展，确保国家能源安全。加强水源地保护和用水总量管理，推进水循环利用，建设节水型社会。严守耕地保护红线，严格土地用途管制。加强矿产资源勘查、保护、合理开发。发展循环经济，促进生产、流通、消费过程的减量化、再利用、资源化。

（3）加大自然生态系统和环境保护力度

良好生态环境是人和社会持续发展的根本基础。要实施重大生态修复工程，增强生态产品生产能力，推进荒漠化、石漠化、水土流失综合治理，扩大森林、湖泊、湿地面积，保护生物多样性。加快水利建设，增强城乡防洪抗旱排涝能力。加强防灾减灾体系建设，提高气象、地质、地震灾害防御能力。坚持预防为主、综合治理，以解决损害群众健康突出环境问题为重点，强化水、大气、土壤等污染防治。坚持共同但有区别的责任原则、公平原则、各自能力原则，同国际社会一道积极应对全球气候变化。

（4）加强生态文明制度建设

保护生态环境必须依靠制度。要把资源消耗、环境损害、生态效益纳入经济社会发展评价体系，建立体现生态文明要求的目标体系、考核办法、奖惩机制。建立国土空间开发保护制度，完善最严格的耕地保护制度、水资源管理制度、环境保护制度。深化资源性产品价格和税费改革，建立反映市场供求和资源稀缺程度、体现生态价值和代际补偿的资源有偿使用制度和生态补偿制度。积极开展节能量、碳排放权、排污权、水权交易试点。加强环境监管，健全生态环境保护责任追究制度和环境损害赔偿制度。加强生态文明宣传教育，增强全民节约意识、环保意识、生态意识，形成合理消费的社会风尚，营造爱护生态环境的良好风气。